草莓基质栽培关键技术及病虫害综合防控

刘慧超　黄　文　梁　慎　琚志君　主编

中国农业科学技术出版社

图书在版编目（CIP）数据

草莓基质栽培关键技术及病虫害综合防控 / 刘慧超等主编 . -- 北京 : 中国农业科学技术出版社 , 2024.4

ISBN 978-7-5116-6802-8

Ⅰ. ①草…　Ⅱ. ①刘…　Ⅲ. ①草莓—果树园艺 ②草莓—病虫害防治　Ⅳ. ① S668.4 ② S436.68

中国国家版本馆 CIP 数据核字（2024）第 086192 号

责任编辑　崔改泵
责任校对　李向荣
责任印制　姜义伟　王思文

出 版 者　中国农业科学技术出版社
北京市中关村南大街 12 号　　邮编：100081
电　　话　（010）82109194（编辑室）（010）82106624（发行部）
（010）82109709（读者服务部）
网　　址　https://castp.caas.cn
经 销 者　各地新华书店
印 刷 者　中煤（北京）印务有限公司
开　　本　148 mm × 210 mm　1/32
印　　张　4.25　彩页 10 面
字　　数　118 千字
版　　次　2024 年 4 月第 1 版　2024 年 4 月第 1 次印刷
定　　价　30.00 元

草莓基质栽培关键技术及病虫害综合防控

编委会

主　编： 刘慧超　　黄　文
梁　慎　　琚志君

副主编： 欧阳梦真　安　磊
薛　丽　　王亚锋

白雪公主

淡雪

粉玉

黑珍珠

天仙醉

甜查理

红颜

煌香

枥乙女

妙三

圣诞红

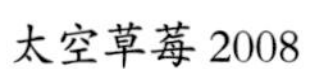

太空草莓 2008

太空草莓 2008

四星　　天使 8 号　　香蕉草莓

香野

雪里香

香野

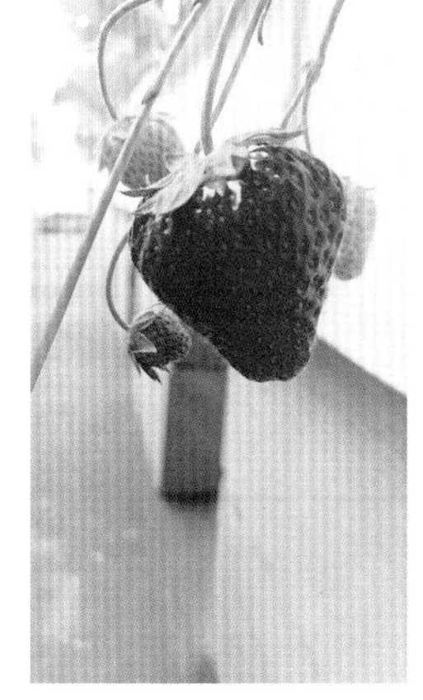

雪里香

章姬

郑莓一号

佐贺清香

露地育苗

平面高架育苗

匍匐茎苗引插

露地育苗

草莓高架育苗

草莓高架育苗

H 型高架基质栽培

H 型高架基质栽培

泡沫槽立体基质栽培

温室葡萄草莓套种

空中悬吊式基质栽培

地面槽式基质栽培

泡沫槽立体基质栽培

盆栽草莓

土壤高垄栽培

水培草莓

土壤高垄栽培

草莓炭疽病

草莓细菌性角斑病

草莓白粉病

草莓白粉病

草莓白粉病

草莓病毒病

草莓灰霉病

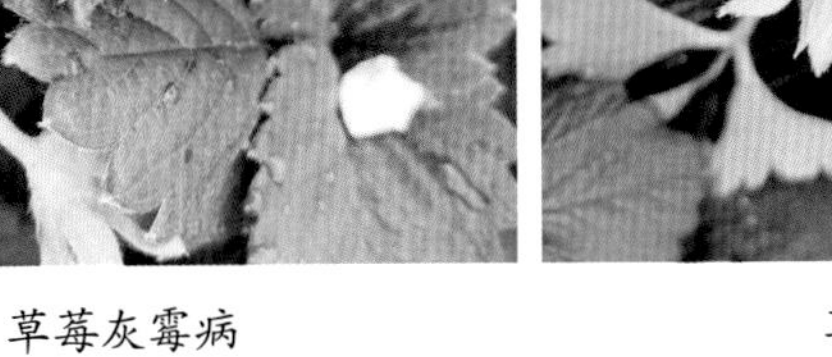

草莓灰霉病

草莓灰霉病

草莓黄萎病　草莓黄萎病　草莓根腐病

草莓盐害　草莓低温危害　草莓缺铁

草莓蛇眼病　蓟马危害草莓果实　蓟马危害草莓叶片

草莓白粉虱危害叶片

红蜘蛛危害叶片症状

二斑叶螨危害叶片症状

二斑叶螨危害花序症状

草莓斜纹夜蛾危害叶片症状

蚜虫危害症状

草莓茎尖分化形成的芽丛

草莓脱毒苗继代增殖

草莓脱毒苗培养架

草莓匍匐茎前端

草莓微茎尖

草莓原原种苗瓶内生根

草莓叶片再生培养

Contents 目录

第一章 草莓的生物学特性

草莓又叫红莓、洋莓、地莓，属蔷薇科草莓属多年生常绿草本植物。在栽培学分类上，草莓属浆果，草莓的果实由花托发育而来。果实一般呈心形，红色，香味浓郁，营养丰富，果肉多汁，果肉中含有大量的糖类、蛋白质、有机酸、果胶等营养物质，有“水果皇后”的美誉。草莓原产于欧洲，可以鲜食，也可以加工，在世界范围内广泛栽培，于20世纪初引入我国，深受各个阶层消费者的青睐。

第一节 草莓的形态特征

草莓完整的植株由根、茎、叶、花、果实和种子等器官组成。

一、根

草莓根系属须根系，没有主根。草莓的根系发生于短缩茎，又叫茎源根系，由新根和根状茎上的不定根包括须根、侧生根和根毛组成。根直径一般为1～1.5 mm，在土壤中分布较浅，70%分布在0～20 cm的土层中。随着茎的生长，新根发生部位逐渐上移，如果茎露在地面，则不能发生新根，即使新根发生了，新根在到达地表或者基质表面之前也会干枯，所以要及时培土或者增加基质，促进新根萌发和生长。在基质栽培中，如利用沙、椰糠、岩棉、蛭石等基质栽培，根系起着固定和支撑草莓植株的作用。草莓根系的特性决定了草莓根系的生长特点，草莓不耐冻、不耐热、不抗旱，也不耐涝，喜欢有机质含量高、肥沃、疏松透气、排水良好、湿润、微酸性（pH 值）的生长环境。

草莓根系的生长动态与地上部的生长动态呈相反态势。秋季至初冬生长最旺盛，冬季休眠生长缓慢或停止，早春又开始旺盛生长，春季至夏季生长缓慢，果实膨大期部分根系枯死。开花期以前，草莓根主要进行加长生长；到了开花期，白色越冬根加长生长停止，新不定根从根状茎开始萌生。根的加粗生长较少，达到一定粗度后就不再加粗。草莓根系生长的最低温度为 2℃左右，最适温度为 20℃左右，最高温度为 36℃。草莓植株根系 1 年内有 2～3 次生长高峰：第一次生长高峰是在早春气温回升到 2～5℃或者 10 cm 深的地温稳定在 1～2℃时，上一年秋季发出的白色越冬根开始生长；根系第二次的生长高峰是在 7 月上中旬，高温长日照的条件有利于草莓的营养生长，新茎基部生出许多新根系，腋芽处萌发出大量的匍匐茎；根系的第三次生长高峰发生在 9 月下旬至越冬前，此时叶片养分回流运转加上土壤温度降低，营养大量积累并贮藏于茎内。根系生长高峰比地上部的生长高峰时间提早 10 d 左右。

二、茎

草莓的茎分为新茎、根状茎和匍匐茎。

1. 新茎

草莓植株的生长中心轴是一短缩茎，当年萌发的短缩茎叫新茎，新茎呈弓背状，节间短，仅 2 mm，延长生长慢，加粗生长旺盛，新茎上密生叶片，新茎叶片的叶腋着生腋芽、早熟芽（匍匐茎）、潜伏芽，腋芽可抽生新茎分枝或匍匐茎。草莓短缩茎前端

（茎端分生组织）即新茎顶芽在低温短日照条件下进行花芽分化，形成花芽后，正下方的腋芽形成叶芽长出 3～5 片叶后，腋芽的前端形成花芽。如此反复，形成花序。最初形成的花序叫作第一花（果）序，第二次形成的花序叫作第二花（果）序，植株所处的环境和自身的营养状态决定了腋芽能否形成花芽、花序，从而实现草莓长期连续结果，处于休眠状态的草莓和腋芽形成匍匐茎的草莓就不能形成花芽，导致草莓结果出现断档。

2. 根状茎

翌年的新茎，其上的叶片脱落，形成外形似根的茎，因其生长于土层或者基质中，故称为根状茎，根状茎具有节和年轮，是贮存营养的器官，也可发育成不定根。多年生的根状茎随着时间的推移，由褐色变成黑色，逐渐衰老死亡。根状茎寿命越长，地上部生长越差。

3. 匍匐茎

匍匐茎由新茎的腋芽当年萌发后形成，是特殊的地上茎，具有繁殖能力，是草莓苗无性繁殖的器官。匍匐茎首先向上生长，当匍匐茎长度达叶片高度时，垂向株丛沿着地面匍匐生长或者垂向空中（高架栽培模式）自然生长。匍匐茎上的节细长柔软，节间长，单数节不能形成匍匐茎苗，但能继续抽生匍匐茎分枝，其偶数节上形成匍匐茎苗，并能产生不定根。草莓匍匐茎的发生始于坐果期，结果后期大量发生，其抽生能力和成苗质量、品种、温度、营养相关。与田间普通生产用苗比较，脱毒草莓苗的繁殖能力更强。

三、叶

草莓叶片为三出复叶，着生叶柄顶端，总叶柄细长，在叶柄中下部有 2 个耳叶，两边小叶呈对称状，中间叶形状规则，呈圆形、椭圆形或菱形，叶柄基部有一托叶，托叶鞘包在新茎上。叶缘有锯齿，叶片背面密被茸毛，上表面也有少量茸毛，质地平滑或粗糙。一般从春季开始到果实采收期长出的叶片，具有该品种的典型性。草莓的叶片常绿，是光合作用的器官，一般第4至第6片叶的光合作用较强，吸收二氧化碳释放出氧气，制造碳水化合物，促进植株生长。衰老的叶片光合功能减弱，并有抑制花芽分化的作用，所以在生产上，要及时摘除老叶。水分充足时，叶顶端有吐水现象。在整个生长季节，叶片几乎都在不断地进行老叶死亡、新叶发生的过程，叶片更新频繁。每株草莓苗每年可产生20～30片叶，单叶寿命一般为60～80 d，冬季的叶片寿命可达200 d左右。

四、花

草莓的大多数品种为完全花。草莓的花是由花柄、花托、萼片、花瓣、雄蕊群和雌蕊群组成的。花托是花柄顶端膨大部分，呈圆锥形并肉质化，其上着生萼片、花瓣、雄蕊、雌蕊。草莓的花萼5枚，同时还有副萼片5枚，萼片卵形，比副萼片稍长，副萼片椭圆披针形；草莓花呈聚伞花序，花序下面具一短柄的小叶，有5～15朵花，花瓣多为5枚，有时多达7～8枚，花直径1.5～2 cm，花瓣白色或红色，近圆形或倒卵椭圆形；雄蕊多为5的倍数，一般有20～35枚；雌蕊离生，螺旋状整齐排列在凸起的花托上，依花的大小不同，雌蕊的数目也有差异，通常60～600个。草莓花期对温度十分敏感，30℃以上花粉发芽率降低，0℃以下雌蕊会受冻害。在促成栽培中，为保证草莓花芽分化的连续性，第一花序要及时疏花疏果，以免开花结果过多延迟第二花序的形成，出现断档期。

五、果实

草莓的果实为聚合果，由一朵花中多数离生雌蕊聚生在肉质花托上发育而成，植物学上称为假果，因其柔软多汁，栽培学上又称为浆果。食用部分为肉质的花托，花托上着生许多由离生雌蕊受精后形成的小瘦果，通常称为“种子”。草莓果实纵剖面的中心部位为花托的髓部，髓部因品种不同表现出充实和不同程度空心的差异，瘦果在花托表面嵌入的深度因品种而不同，有与表面平、凸出表面和凹入表面 3 种，一般瘦果凸出果面的品种较耐贮运。草莓果实的形状因品种不同而有较大差异，常见果形有圆形、圆锥形、扁圆形、楔形、扇形等。果肉多为红色、粉红色、橘红色、白色。果实的大小也因品种而异，在同一花序中以第一级序果最大，以后随着花序级次的增高，果实变小。 草莓在生长发育过程中，随着果实的生长发育到完全成熟，果实中含糖量不断增加，含酸量逐渐减少，糖酸比增加，果实中维生素 C 含量逐渐增加，到完熟期前达最高峰，果胶的含量随果实的发育而增加，至着色期达到最高含量，到采收期又有所减少。果实成熟时散发的香气是由多种挥发性物质组成的，主要成分为醇类、酯类和醛类等物质，果实完全成熟时，这些芳香物质的含量达到最高。草莓坐果后，果实的颜色由绿色转为白色（白熟期），在白熟期果实中不含花青苷，进入着色期后，花青苷含量急剧增加，最终果实达到品种特有的色泽。

六、种子

花托上着生许多由离生雌蕊受精后形成的瘦果，通常称为“种子”。草莓的种子呈螺旋状排列在果肉上，种子为长圆锥形，呈黄色或黄绿色。不同品种的种子在浆果表面上嵌生的深度也不一样，这是区别不同品种的重要特征。一般而言，浆果上种子越多，分布越均匀，果实发育越好。如果浆果某一侧种子发育不良，就会导致浆果畸形。草莓种子经过以下几个发育时期。

1. 胚珠发育期

草莓授粉 5～10 d，胚珠逐渐发育成实心胚珠，同时胚盘随着胚珠的增大而扩张，并产生一些香气物质向果肉输送。

2. 胚乳发育期

胚乳发育期是草莓种子发育的重要阶段，决定着草莓的品质。本阶段的种子逐渐变得明显，周围的果肉逐渐变厚，产生了更多的香气，种子的胚乳细胞也在不断地分裂增殖，储存了大量的淀粉和蛋白质。

3. 胚发育期

胚发育期是草莓种子发育的最后一个阶段，也是种子的器官形成阶段。本阶段的种子开始形成外皮和内胚乳，成为真正的种子，果肉口感更加甜美，香味更加浓郁。

4. 成熟期

草莓成熟期的种子已发育完全，成为一粒完整的种子。同时果肉更加多汁，味道更加浓郁，营养价值更高，被广泛地用于鲜食和加工，深受消费者的青睐。

第二节　草莓不同生育期对环境条件的要求

一、温度

草莓喜凉爽温和的环境，植株地上部分生长适温为 20℃左右，叶片光合作用适温为 20～25℃，低于 15℃和高于 30℃光合作用受抑制；根系生长的适温为 15～18℃，10℃以下生长不良，−7℃以下会遭受冻害，−10℃以下草莓会冻死。草莓花芽分化需要低温短日照的环境条件。当茎端分生组织生长点变肥厚，即进入花芽分化的状态。四季草莓的花芽分化与日照长短无关，只要温度在 15～30℃的范围内，就能进行花芽分化，日照时间越长、花序数量越多。对一季作草莓来说，花芽分化的适宜温度为 5～17℃，日照长度为 8～12 h，在 5～12℃的温度范围内，花芽分化条件与日照长度无关，均能进行花芽分化；当温度在 25℃以上，花芽分化条件与日照长度无关，花芽分化均不能进行；温度降到 4℃以下，草莓植株进入休眠状态，花芽分化停止，花芽分化条件与日照长短无关。不同品种间的花芽分化需要的低温和日照长短有差异。开花期温度低于 0℃，柱头变黑，温度高于 30℃，花粉发育不良。果实膨大期适宜温度为 18～25℃，最低温度 12℃，在此温度范围内，昼夜温差大利于果实发育和糖分积累，较低温度果实发育慢，但可形成大果，较高温能够促进果实提前成熟，但果个偏小。

二、水分

在草莓基质栽培模式中干旱、淹水和盐渍对草莓的生长发育危害很大。过分干旱缺水会使细胞失水后膨压快速丧失，引起叶片萎蔫，甚至脱落死亡；水分过多会导致基质的氧气亏缺，厌氧微生物会产生许多对草莓有害的物质（如硫化物），导致根系生长环境恶化，根部病害发生严重；草莓为浅根系须根作物，叶片多而大，蒸腾作用强，对水分反应敏感，不耐旱，也不耐涝，水分管理不当，影响植株的正常生长。要根据不同生长时期制定管理措施。花芽分化期适当减少水分，保持田间持水量为 60%～65%，以促进花芽的形成；开花期的土壤含水量不能低于最大持水量的 70%，空气湿度为 40%～60%，缺水会影响花朵的开放和授粉受精；果实膨大期应保持田间持水量的 80%，缺水会影响果实的膨大和果实的品质；浆果成熟期需要保持田间持水量的 70% 为宜，促进果实着色；匍匐茎大量发生时期要保证充足的水分供应，以抽生大量的匍匐茎苗，草莓对空气相对湿度要求在 80% 以下为好；花期不能高于 90%，否则影响受精，出现畸形果。

三、光照

草莓是喜光植物，但又比较耐阴。在光照条件下，草莓叶片进行光合作用，将水和二氧化碳转化为有机物，进而再转化合成淀粉、纤维素、脂肪、有机酸、氨基酸等物质，为草莓的生长发育提供良好的基础保障。据测定，草莓光饱和点为 2 万～3 万 lx，比一般作物相对较低，一般情况下，冬季设施栽培环境的光强低于光饱和点，当温度在 20～25℃时，光合速率最大。草莓叶片光补偿点为 0.5 万～1.0 万 lx，最活跃的部位为第 3～5 叶，最有效的叶龄为展叶后第 30～50 天的成龄叶片。在不同二氧化碳浓度下，光饱和点及补偿点也会相应变化。光合作用光照充足，植株生长旺盛，叶片颜色深、花芽发育好，果实含糖量高，香味浓，能获得较高的产量。相反，光照不良，植株长势弱，叶片薄，叶柄及花序柄细，花朵小，有的甚至不能开放，果个小，味酸，同时影响果实着色，品质差，成熟期延迟。秋季光照不足时，会影响花芽形成。草莓在不同的生长发育阶段对光照的要求不同，开始生长期与开花结果期一般需日照时数 12～14 h，花芽分化期需要日照时数较少，一般在 12 h 以下有利于花芽分化。在开花结果期和旺盛生长期，草莓每天需要 12～15 h 的较长日照时间。需要说明的是，草莓的光合作用经常受到内、外因素的共同影响，外因是条件，内因是依据，外因通过内因起作用，不良的外界环境因素对光合作用的限制，往往是通过这些环境因素引起的草莓植株体内生理生化因素的限制而影响光合作用。

四、二氧化碳

二氧化碳是草莓进行光合作用的主要原料。草莓进行光合作用的碳源 CO_2，主要从空气中获得。一般情况下空气中二氧化碳浓度很低，只有 200～300 μL/L。大棚内二氧化碳的浓度在一天内含量也不一样，下午 18 : 00 闭棚后，棚内二氧化碳浓度逐渐增加，日出前达最高，升至 500 μL/L；日出 1 个多小时后，二氧化碳浓度逐渐下降，上午 9 : 00 降至 100 μL/L，虽然经通风，棚内二氧化碳浓度有所回升，但仍在 300 μL/L 以下。大棚内二氧化碳浓度低是影响草莓生长发育的限制因素，补施二氧化碳可以使草莓叶片明显增厚，叶色浓绿，果个增大，成熟提前，增产 15%～20%。大棚草莓及时通风换气，不但有利于室外二氧化碳流入室内，而且还使棚内的毒性气体排出室外。研究发现，低气压也是光合作用的一个限制因素，在同样的 CO_2 浓度下，光合作用的效率会因气压的降低而降低。

五、矿质营养

草莓正常生长发育需要 16 种必需的矿质营养元素，基质栽培模式中，需要根据不同的生长时期和各个时期的需肥规律配制合理的营养液配方，然后通过滴灌系统滴灌矿质营养元素。草莓生长初期吸肥量很少，自开花以后吸肥量逐渐增多，随着果实不断采摘，吸肥量也随之增多，特别是对钾和氮的吸收量最多。定植后吸收钾量最多，其次是氮、钙、磷、镁、硼。钾和氮的吸收是随着生育期的生长进展而逐渐增加的，当采摘开始时，养分需要量急剧增加，磷和镁呈直线缓慢吸收。对磷的吸收，整个生长过程均较弱。缺磷时草莓枯叶较多，新生叶形成慢，产量低，糖分含量少。草莓对肥料的吸收量，随生长发育进展而逐渐增加，尤其在果实膨大期、采收始期和采收旺期吸肥能力特别强。草莓不耐肥，易发生盐类浓度障碍，在基质栽培过程中，要及时检测营养液和基质的 EC 值，以免发生盐害。

第三节 草莓的营养价值

草莓果实颜色鲜艳，柔软多汁，酸甜宜人，芳香浓郁，是色、香、味俱全的水果。草莓的营养价值很高，被人们誉为“水果皇后”。草莓中富含氨基酸、果糖、蔗糖、葡萄糖、柠檬酸、苹果酸、维生素C等。据测定，每100克草莓维生素C含量为50～100 mg，是苹果、葡萄的10倍以上。每100 g草莓中含有的营养物质如下：热量125.6 kJ；碳水化合物7.10 g；脂肪0.20 g；蛋白质1 g；纤维素1.1 g；维生素A 5 μg；维生素C 47 mg；维生素E 0.71 mg；胡萝卜素30 μg；硫胺素0.02 mg；核黄素0.03 mg；烟酸0.3 mg；镁12 mg；钙18 mg；铁1.8 mg；锌0.14 mg；铜0.04 mg；锰0.49 mg；钾131 mg；磷27.00 mg；钠4.2 mg；硒0.70 mg。草莓具有较高的药用和医疗价值。

一、草莓的营养价值

（1）草莓所含的胡萝卜素是合成维生素A的重要物质，具有明目养肝作用。

（2）从草莓植株中提取出的“草莓胺”，治疗白血病、障碍性贫血等血液病有较好的疗效。

（3）草莓含有丰富的维生素C，维生素C能消除细胞间的松弛与紧张状态，使脑细胞结构坚固，皮肤细腻有弹性，对脑和智力发育有重要影响。

（4）草莓所含的鞣酸，在体内可吸附和阻止致癌化学物质的吸收，具有防癌作用。

（5）草莓中含有的强有效的抗氧化剂能有效地清除人体内有害的自由基，其含有的天然的抗炎成分可以减少自由基的产生数量，以减缓衰老、保持脑细胞的活跃，改善忧郁、失眠、容易打瞌睡等症状的功能，助人振奋精神、驱赶疲劳。

（6）草莓中含有的果胶及纤维素，可促进胃肠蠕动，改善便秘。

（7）医学家发现，饮用鲜草莓汁可治咽喉肿痛、声音嘶哑症状。

二、食用草莓的禁忌

日常生活中，食用草莓有一些需要注意的禁忌事项。

（1）草莓性凉，痰湿内盛、肠滑便泻者不宜多食。

（2）草莓表皮上有软毛针尖，吃多了容易产生过敏反应。

（3）草莓含草酸钙较多，患有尿路结石者和肾功能不好的人不宜多吃，否则会加重病情。

（4）草莓外表诱人，但其特殊的表面结构容易附着细菌、灰尘等，在食用之前必须经过仔细清洗。

（5）草莓中富含苹果酸、柠檬酸等酸性成分，若与含钙量较高的食物一起食用，可能会导致沉淀物质的生成，影响身体的消化。

第二章 草莓基质栽培关键技术

草莓果实色泽鲜艳、风味独特，富含维生素C，被人们誉为“水果皇后”，是大众喜爱的营养型时令水果。随着科技发展和农业技术的进步，草莓的栽培模式也日渐增多，尤其是随着无土栽培技术的快速发展，草莓基质栽培模式进入了大众的视野，成为现代休闲观光农业模式中发展潜力很大的作物品种之一。基质栽培环境干净卫生，为草莓的绿色生产、高产优质高效提供了优良的生长条件，成为市民休闲采摘、体验收获乐趣的平台，也成为现代农业高科技的展示窗口。草莓为矮生型浅根系须根作物，更加适合基质栽培模式。各种不同空间模式的基质栽培如空中吊悬式栽培、高架平面栽培、竖直立柱栽培等，这些模式通风透光条件好，劳动强度低，劳动效率高，工作环境舒适，在大型园区中得到了广泛的应用。近年来草莓科研工作者和一线种植人员共同探索并投入使用的简易草莓基质栽培技术，在草莓鲜果采收和高架（基质）育苗领域得到了快速发展，这种模式实用性强、管理简单，无论是鲜果生产还是高架育苗，都取得了较好的经济效益。在大型园区的草莓基质栽培模式中，现代物联网技术得到了推广和应用，尤其是高架栽培模式、空中草莓模式生长环境优美、果实优质洁净，人工劳作人性化，省力、高效，成为休闲农业领域的一道亮丽风景线。在草莓基质栽培模式中，涉及的关键技术很多，其中的草莓基质配方、草莓不同生长时期的营养液配制与日常管理、优质脱毒苗的培育与应用、适合基质栽培的草莓品种等是关系到草莓基质栽培能否成功的关键技术，优质的脱毒苗和合理的营养液配方能够减少农药、肥料、人工的投入，在降低生产成本的同时，生产出集优质、高产、绿色于一体的鲜食草莓，保障了草莓鲜果的食用安全。基质栽培是一项科技含量较高的栽培技术，需要专业的技术人员进行管理。

第一节 草莓基质栽培

一、草莓无土栽培的含义和分类

草莓无土栽培是指不用天然土壤，单用营养液或固体基质加营养液等方式种植草莓。草莓无土栽培摆脱了自然界的影响，人工创造了可控的草莓根系生长环境，能够满足草莓的生长发育，并发挥它的生产潜力，从而获得最大的经济效益或观赏价值，较好地解决了草莓设施栽培中的连作障碍问题，产量高，品质好。在草莓无土栽培中，根据草莓根系的生长环境分为水培、雾培、固体基质培。目前，设施草莓无土栽培以固体基质栽培方式（简称为基质栽培）为主，非固体基质培即水培和雾培为辅助形式。

（一）非固体基质培

非固体基质培指草莓根系直接生长在营养液或含有营养成分的潮湿空气之中，根际环境中除了育苗时用固体基质，一般不使用固体基质，分为水培和雾培两大类。

1. 水培

水培草莓的根系大部分直接生长在营养液中，根据营养液液层的深度不同分为营养液膜水培（液层深度为 1～2 cm）、深液流水培（液层深度为 4～10 cm）、浮板毛管水培（液层深度为 5～6 cm）、浮板水培（深度为 10～100 cm）等多种形式。其中，浮板毛管水培营养液中有浮板，上铺无纺布，部分根系在无纺布上，浮板水培液层为流动或者静止状态，浮板在营养液中自然漂浮水培草莓是一种辅助形式，生产中很少应用。

2. 雾培

雾培又称喷雾培或气培，是将草莓悬挂在一个密闭的栽培装置（槽、箱或床）中，草莓根系裸露在栽培装置内部，每隔一定时间，通过喷雾装置将营养液雾化，从喷头中以雾状形式喷洒到草莓根系表面，能同时解决根系对养分、水分和氧气的需求。雾培也是草莓栽培的一种辅助形式，生产中很少应用。

（二）固体基质培

固体基质培，简称基质栽培，具体是指草莓根系生长在固体基质环境中，固体基质支撑根系，并为草莓提供水、肥、气、热的生长环境，营养液通过滴灌系统施入草莓根部，营养液可以闭环循环使用，也可以采用不循环开路系统，营养液开路系统可以避免病虫害通过营养液的循环而传播，实际应用中大多采用营养液开路系统的形式。

（三）固体基质培与水培的比较

与水培相比较，基质培性质稳定、设备简单、投资较少，取材方便，缓冲能力强，不存在水分、养分、氧气之间的矛盾，管理容易，是高效农业发展的一种趋势，也是我国目前草莓无土栽培生产中普遍采用、推广面积最大的一种形式，今后一段时间基质栽培将是草莓无土栽培的主要形式，同时与多种栽培形式并存。研究表明，草莓基质栽培较常规土培增产幅度达 31%～47%。

二、草莓基质栽培的类型

根据草莓固体基质培的栽培形式不同，可分为地面槽培、袋式基质培和立体基质培。

（一）地面槽培

地面槽培是指栽培容器为槽状，将固体基质装入槽状容器的种植槽中栽培草莓的方法，槽体采用木质材料或泡沫塑料等材质，可摆放在地面上或者把槽放在支架上。

（二）袋式基质培

袋式基质培是指栽培容器为长形袋状，将固体基质装入袋子中栽培草莓的方法，袋子可排列放置于地面或者支架上。

（三）立体基质培

立体基质培也称垂直栽培，是立体化的无土栽培。例如高架平面栽培、竖直型立柱栽培、空中悬吊式栽培等。这种栽培是在不影响平面栽培的条件下，充分利用温室空间和太阳能，在距离地面一定的高度向四周空间发展。草莓立体栽培可以充分利用土地、温室空间和光照，提高单位面积产量、解决重茬问题、减少土传病虫害、提高单位面积产量、改善果实品质、避免弯腰劳作，省时省力，有利于农事操作人员的身体健康，环境美观时尚，适合发展观光农业，经济效益显著，助力乡村振兴。

三、草莓基质栽培的特点和应用

基质栽培是高效农业发展的一种趋势，较传统农业更能充分发挥应用各类资源条件，目前国内的基质栽培面积在逐渐扩大。基质栽培的草莓植株易于调控，长势平稳，产量均衡，作物长势在可控的温湿度条件下达到最佳状态，单株结果率高，整体高产，果品安全性可控，是一项高科技现代农业技术，其优势和缺点并存。

（一）草莓基质培的优点

1. 可避免土壤连作障碍

草莓土壤栽培连作障碍发生的原因有很多。第一，草莓是以反季节生产为主的作物，由于上市早、品质好、产量高、经济效益比露地显著，因此，近年来设施栽培面积逐渐扩大，由于常年在固定的设施内连作形成了特殊的生长环境，导致硝化细菌、氨化细菌等有益微生物受到抑制，有害微生物大量发生，土壤微生物和无机成分的自然平衡受到破坏，肥料分解过程也相继发生了障碍，最终导致土壤病菌大肆蔓延。第二，生产过程中为追求高产过量使用化学肥料，导致土壤中硝态氮和速效磷含量严重超标，而设施内土壤长年覆盖或季节性覆盖得不到大自然雨水的充分淋洗，加重了植物生理性病害。第三，偏施酸性和生理酸性肥料，导致土壤酸化。第四，设施内土壤耕作层变浅，影响根系的充分伸展，连作引起的盐类积累又使土壤板结，通透性变差，需氧微生物的活性下降，土壤熟化慢，造成草莓植株生长发生障碍。第五，草莓根系自身的分泌物和腐解物具有自毒作用，导致根部病害发生严重。

草莓连作病害是目前制约草莓生产的主要因素，世界各国草莓产区普遍存在。连作障碍病害轻者导致减产减收，重者颗粒无收，严重制约着草莓的可持续发展。设施环境内的大田土壤栽培，土壤处理和消毒不仅困难、成本高，而且缺乏高效药品，消毒不彻底，所以设施草莓的土壤连年种植后效益急速下降，甚至不得已停止使用。无土栽培可以从根本上避免和解决土壤连作障碍的难题，而且立体种植相对平面种植，病虫害防治更为简单。一般通过更换基质、对栽培设施进行必要的清洗和消毒，能够避免土传病害，这样不但节省了农药投入，更能生产出高产优质安全的草莓。

2. 省水、省肥、省力、省工

基质栽培的耗水量只有土壤栽培的 1/10～1/4，是发展节水型农业的有效措施之一。土壤栽培的肥料利用率大约只有 40%，甚至低至 10%～20%，有一半以上的养分损失，而基质栽培尤其是封闭式营养液循环栽培，肥料利用率高达 90% 以上，即使是开放式基质栽培系统，营养液的流失也很少。基质栽培省去了繁重的翻地、中耕、整畦、除草等体力劳动，而且随着基质栽培生产管理设施中计算机和智能系统的使用，逐步实现了机械化和自动化操作，可大大降低劳动强度，节省劳动力，提高劳动生产率，为劳动者提供优美洁净的劳作环境。

3. 草莓长势强、产量高、品质好，采摘方便

基质栽培模式常与园艺设施相结合，能合理调节草莓生长所需的水、肥、气、光、热等环境条件，充分发挥了草莓的生产潜力。与土壤栽培相比，基质栽培的草莓生长速度快、长势强、品质好，洁净卫生，配合促成栽培技术，草莓可提早上市，延长鲜果采收期，大大提高经济效益。立体栽培草莓悬挂在半空中，采摘方便，果实洁净，市场价高，经济效益可观。

4. 扩展草莓生产的可利用空间

高架草莓的空间利用率高于地栽草莓。在相同的建筑面积下，高架草莓是立体空间，地面种植的草莓是一个平面，因此高架草莓的单位产量高于地面种植的草莓。基质栽培草莓生产摆脱了土壤的约束，在广阔的沙漠、荒岛、海涂等非可耕地，还有城市工厂、建筑物屋顶凉台、阳台与四周隙地，都可利用基质栽培模式种植，在温室等园艺设施内可发展多层立体栽培，充分利用空间，充分发挥设施草莓模式的生产潜力。

5. 有利于实现农业生产的现代化

基质栽培通过多学科、多种技术的融合，现代化仪器、仪表、操作机械、网络技术的使用，可以按照人们的意志进行草莓生产，

属于一种可控环境的现代化农业生产，有利于实现农业机械化、自动化，从而逐步走向工业化、现代化。我国21世纪以来兴建的现代化温室及其配套的基质栽培技术，均有力地提高了我国农业现代化的水平。

（二）草莓基质栽培的缺点

基质栽培的应用要求一定的设备和熟练的专业知识与技术才能，它本身也具有一些固有的缺点。

1. 投资大、运行成本高

草莓要进行基质栽培生产，就需要有相应的设施、设备，这就比土壤栽培投资大，尤其是大规模、集约化、现代化基质栽培生产投资更大。我国从国外引进的现代化温室和相应的成套基质栽培设施，其价格更加昂贵，一般平均每平方米投资有1 000～1 200元，投资回收周期长。

2. 管理水平要求高，全程需要具备专业知识的技术人员管理

草莓不同生长时期，需要的肥料种类和浓度有所不同，要根据不同的生长时期和植株长势，分析并配制科学的营养液配方，肥料浓度过大或者过小，均会引起苗子生长不良，尤其是肥料浓度过大造成的盐害，危害根系的生长，甚至死亡，所以要及时测定基质环境的温、湿度和营养液的EC值和pH值，及时调整营养液浓度和及时追肥。另外，为保证草莓单果重和果实品质，对过多的花和果实以及畸形果、病果要及时疏除，以保证果实大而整齐。病虫害的防治是草莓基质栽培中的重点和难点，尤其是结果期发生的病虫害，更加难以控制，一方面基质栽培的草莓大多是鲜食产品，防治病虫害施用的农药会对草莓食用安全性造成隐患；另一方面，结果期的草莓蜜蜂正在参与授粉过程，施用农药防治病虫害对蜜蜂会造成伤害。因此，基质栽培草莓病虫害的管理要遵守预防为主的方针，从培育优质壮苗入手，合理施肥，及时调控温湿度，给草莓提

供一个优良的生长环境，防患于未然，避免病虫害的发生。

（三）草莓基质栽培容易出现的问题

1. 草莓种苗质量差，带病移栽

俗话说，好苗七分收，种苗是草莓基质栽培成功的关键，如果草莓苗带病移栽，不但成活率下降，病害增加，而且产量无法保证，损失很大，因此选择种苗的时候，要谨慎。脱毒苗抗病性好，生长势强，产量高，是草莓基质栽培的最佳选择。

2. 过量施肥，造成盐害

草莓属于须根系，根系较浅，对肥料比较敏感，特别是基质栽培，如果在移栽的时候施入过多肥料，导致盐分含量高，生根缓慢，甚至烧根，造成盐害。基质栽培最初定植草莓时，不要施肥，定植后待生出新根，开始追施营养液，营养液按照草莓专用营养液配方进行配制。从八分之一浓度开始施用，根据长势逐渐加大浓度，有利于提高成活率，培育壮苗。

3. 营养液配方不合理，忽视微量元素的施用

肥料配方不合理，重施大量元素，忽视微量元素。微量元素虽然用量少，但是作用大，各种微量元素分别参与草莓的多种生理活动，对营养生长和生殖生长都非常重要。营养生长期的根、茎、叶的生长和生殖生长期的花芽分化都离不开微量元素的参与，各元素具体生理功能参看本章第七节内容。草莓不同生长时期要根据其需肥特点配制不同的营养液配方，促进草莓的正常生长。

4. 病虫害预防不及时

基质栽培，病虫害的预防很重要。虫害主要是预防红蜘蛛、蚜虫、蓟马、白粉虱。病害特别要预防炭疽病、根腐病、白粉病、灰霉病等。红蜘蛛大发生后很难彻底杀灭，需要施大量农药，给草莓安全性生产带来隐患。灰霉病、白粉病很容易大面积蔓延，导致草莓开花、结果出现问题，果实外观品质和营养品质变差，经济效益

受到严重影响。防治病虫害需要在定植前做好生长环境和栽培设施的消毒，选择健壮无病虫的脱毒种苗，是预防病虫害的首选措施。具体防治措施参见第四章草莓病虫害防控技术。

第二节　草莓固体基质的功能特性

一、固体基质的功能

基质是草莓无土栽培的基础，在穴盘育苗阶段和定植时需要用固体基质，固体基质不能含有不利于草莓生长发育的有害、有毒物质，要能为草莓根系提供良好的水、肥、气、热、pH 值等生长条件。固体基质的具体作用如下。

（一）固定支撑植株

固定支撑植株是基质最主要的一个功能。在草莓无土栽培中，基质可以支持并固定草莓植株，使其扎根于基质中，从而使植株保持直立，同时有利于草莓根系的伸展和附着，为草莓根系提供一个良好的生长环境。

（二）供给养分

有些基质中含有一定的营养成分，如有机质、矿质元素氮、磷、钾、钙、硫、镁、锌、铜、铁、锰、硼、钼等，这些营养成分可以被草莓根系吸收，为草莓生长发育提供一定的营养。

（三）持水功能

基质都有保持一定水分的能力，基质所吸持的水分能够维持草莓植株在每两次灌溉之间的间歇期不至于失水而受害。不同基质的持水能力有差异，这取决于基质的理化性质。在生产中，应当根据不同草莓品种的生长需求选择持水性较好的基质，避免浇水次数过多，以便于生产管理。

（四）通气功能

草莓根系在生长过程中会进行呼吸作用，呼吸作用需要充足的氧气供应。基质的孔隙可以存储空气，为草莓进行呼吸作用提供氧气。基质过于紧实就可能会造成通气不良，影响根系生长。同时，基质的孔隙也是草莓植株吸收水分的地方，所以，基质的通气功能和持水功能之间存在着对立统一的关系，基质中空气含量高时，水分含量就低，反之，水分含量高时，空气含量就低。因此，良好的基质必须能够较好地协调水分和空气两者之间的关系，以满足草莓的生长需求。

（五）缓冲功能

缓冲功能是指基质能够为草莓根系的生长提供一个较为稳定环境的能力，即当外来物质或根系本身新陈代谢过程中产生一些有害物质危害到草莓植株的正常生长发育时，基质通过其本身的理化性质将这些危害减轻或者化解的能力。并不是所有的基质都具有缓冲功能，一般具有物理化学吸收能力的基质具有缓冲功能，如泥炭、蛭石等，这类基质也被称为活性基质。

二、固体基质的理化性质

基质的特性基本上取决于基质的理化性质。基质的理化性质包括物理性质和化学性质。

（一）基质的物理性质

1. 容重

基质容重指在自然状态下，单位体积的基质干重，通常以

g/cm^3 或 kg/m^3 来表示。不同基质的组成成分不同，容重相差很大，同一基质颗粒大小、紧实程度不同，其容重也有一定差异。基质的容重决定了基质的疏松、紧实程度。容重过小，则基质过于疏松，通气透水性好，但不易固定根系，植株易倾倒；容重过大，则基质过于紧实，通气透水性差，不利于根系伸展，影响作物生长。根据容重大小，可以将基质分为低容重基质（容重 <0.25 g/cm^3）、中容重基质（0.25 g/cm^3 $\leqslant$ 容重 $\leqslant$ 0.75 g/cm^3）和高容重基质（容重 $>$ 0.75 g/cm^3）。一般情况下，基质的容重在 0.1～0.8 g/cm^3 范围内，草莓的生长效果较好。

2. 粒径

粒径是指基质的颗粒直径（mm），用来表示基质颗粒的大小或粗细程度。基质的颗粒大小直接影响其容重、总孔隙度及大小孔隙度比等物理性状。一般情况下，同一种基质，颗粒越细，其容重越大，总孔隙度越小，大小孔隙比越小；反之，基质颗粒越粗，则容重越小，总孔隙度越大，大小孔隙比越大。为了使基质同时满足根系对水分和氧气的需要，基质颗粒大小应当适中，不能太粗或太细。基质颗粒太粗，虽然通气较好，但持水性较差、生产管理上需要增加灌溉次数；颗粒太细，虽然持水性较高，但通气不良，容易使基质内积累过多水分而造成缺氧，影响根系呼吸，抑制根系生长。

3. 总孔隙度

总孔隙度是指基质中所有孔隙（持水孔隙和通气孔隙）的总和，以相当于基质体积的百分数（%）表示。总孔隙度大的基质中空气和水的总容量就大，反之，总孔隙度小的基质中空气和水的总容量就小。总孔隙度大的基质较轻，基质疏松，有利于根系生长，但是不易固定根系，植株易倒伏。总孔隙度小的基质较重，基质坚实，固定支撑植株效果好，但是不利于根系伸展，影响草莓生长。一般情况下，栽培基质的总孔隙度在 54%～96% 范围内较为适合。

4. 大小孔隙比

大孔隙是指基质中空气占据的空间，也称为通气孔隙。通气孔隙一般指直径 0.1 mm 以上的孔隙，这些孔隙中的水分在重力作用下很快流失，主要用来储气。小孔隙是指基质中水分能够占据的空间，也称为持水孔隙。持水孔隙一般指直径在 0.001～0.1 mm 范围内的孔隙，这些孔隙中的水分会由于毛细管作用而被吸持，存在于这些孔隙中的水分被称为毛管水，因此，这种孔隙的主要作用是储存水分。大小孔隙比即基质气水比，是指在一定时间内，基质中容纳气、水的相对比值，通常以通气孔隙和持水孔隙之比来表示。总孔隙度只能反映基质中能够容纳空气和水分的空间综合，不能反映空气和水分的相对容纳空间。而大小孔隙比能够反映出基质中空气和水分之间的状况，是衡量基质优劣的重要指标，与总孔隙度合在一起可全面反映基质中空气和水分的状态。最适宜的基质孔隙状况是同时能提供 20% 的空气和 20%～30% 容易被利用的水分。一般情况下，基质大小孔隙比在 1 ：（2～4）范围内为宜，适合草莓生长且方便管理。

（二）基质的化学性质

1. 基质的化学组成及稳定性

基质的化学组成是指基质本身含有的化学物质种类及其含量，既包括植物可以吸收利用的矿质营养和有机营养，又包括对植物生长有害的有毒物质等。基质的化学稳定性是指基质发生化学变化的难易程度。在草莓基质栽培中，要求基质不含有害物质且具有较强的化学稳定性，以减少对营养液的干扰，保持营养液的化学平衡。基质的化学稳定性与其化学组成密切相关，基质的化学组成不同，其稳定性有很大差异。由无机矿物构成的基质（如沙子、石砾等），若其化学成分由石英、长石、云母等矿物组成，则其化学稳定性最强；若其化学组成由角闪石、辉石等组成，则其化学稳定性次之；

若其化学组成由石灰石、白云石等碳酸盐矿物组成，则其化学稳定性最弱，这类矿物易产生钙、镁离子而影响营养液的化学平衡。由植物残体构成的基质（如泥炭、稻壳、甘蔗渣等），其化学组成比较复杂，对营养液的影响较大。其化学成分大体可以分为三类：第一类是易被微生物分解的物质，如糖、淀粉、纤维素、有机酸等；第二类物质是有毒物质，如某些有机酸、酚类、丹宁等，会毒害植物的根系；第三类物质是不易被微生物分解的物质，如木质素、腐殖质等，这类物质最稳定，使用时最安全。含第一类物质较多的基质，使用初期会由于微生物的活动而发生较大的生物化学变化，严重影响营养液的平衡，含第二类物质较多的基质会对植物产生一定的毒害作用，因此，含第一类、第二类物质较多的基质需要经过一定的处理后方可使用，一般是将其沤制腐熟后再使用，经过堆沤可以消除基质中易分解的物质和有毒物质，使其转变成以难分解物质为主体的基质。

2. 基质酸碱性（pH 值）

不同基质的酸碱性各不相同，有酸性、碱性和中性。栽培基质的酸碱性应保持相对稳定，最好呈中性或微酸性状态。基质过酸或过碱一方面可能会影响根系的生长发育，另一方面可能会影响营养液中某些养分的稳定性和对作物的有效性，导致作物出现生理障碍。使用初期，基质的 pH 值会发生波动，但波动幅度不宜过大，否则将影响营养液成分的有效性和植物生长发育。草莓根系生长比较适宜中性微酸的环境，基质的 pH 值以 5.5～6.5 为宜。

3. 基质的盐基交换量（CEC）

基质的盐基交换量即阳离子代换量（CEC），指基质含有可代换性阳离子的数量，通常以每 100 g 基质能够代换吸收阳离子的毫摩尔数（mmol/100 g）或毫克当量数（me/100 g）来表示。有些基质几乎没有阳离子代换量，有些却很高。基质的阳离子代换量高，可以保存较多的养分，减少养分随着灌水而流失，提高养分利用率，同时可以对营养液的酸碱反应或根系的选择性吸收以及根系分泌而产生的酸碱变化起到一定的缓冲作用。但是基质的阳离子代换量高也会对营养液中的养分组成和比例产生影响，影响营养液的平衡，使人们难以对营养液中的养分浓度和组成进行有效的控制，从而影响草莓的生长。

4. 电导率（EC）

电导率是指单位距离的溶液其导电能力的大小，是基质中未加入营养液时本身具有的电导率。单位用 mS/cm（毫西门子 / 厘米）或 μS/cm（微西门子 / 厘米）表示。营养液浓度与电导率值存在正相关的关系，在一定的浓度范围之内，营养液浓度越大，其电导率也越大。基质的电导率表明基质内部已电离盐类的溶液浓度，电导率过高时，会对草莓造成渗透逆境，要淋洗盐分后再使用。但是电导率只能反映盐分总量，要知道其中具体的化合物组成，则需要进行逐项分析。营养液的总盐分浓度不能超过 0.4%，以免发生盐害。

5. 基质的缓冲能力

基质的缓冲能力是指在基质中加入酸碱物质后，基质本身所具有的缓和酸碱变化（pH 值）的能力。基质缓冲能力的大小，主要由盐基交换量以及存在于基质中的弱酸及其盐类的多少决定的。一般基质的盐基交换量高，其缓冲能力就强，反之，则缓冲能力较弱。含有较多碳酸钙、镁盐的基质对酸的缓冲能力大，含较多腐殖质的基质对酸碱两性都有缓冲能力。在常用基质中，植物性基质都有缓冲能力（如泥炭），但是矿物基质的缓冲能力都很弱。基质缓冲能力的大小排序 : 有机基质 > 无机基质 > 惰性基质 > 营养液。

6. 基质的碳氮比

碳源是能够为微生物提供能量的物质，一般是碳水化合物，例如红糖、糖蜜、淀粉（玉米粉）之类，都是“碳源”，稻草、麦秆等秸秆也可以理解为“碳源”；氮源是能够为微生物生长提供氮元素的，如尿素、氨基酸、鸡粪等。

基质的碳氮比是指基质中碳和氮的相对比值，这个比值非常重要，会影响整个有机质中的腐殖质转化速度的快慢。碳氮比高的基质，会由于微生物的生命活动，造成微生物与植物争氮而导致植物早期缺氮。一般规定碳氮比小于 200 : 1 属于低，在（200～500）: 1 属于中等，大于 500 : 1 则属高，一般碳氮比在（250～300）: 1 比较适合草莓生长。

7. 优良基质的特性

比较好的基质具有良好的特性。第一，优良的基质能适应多种植物的不同生长时期，能适应组培苗原原种苗的出瓶炼苗；第二，容重较轻，适于搬运；第三，总孔隙度和吸水率大，有利于根系的伸展和持水能力的提高；第四，不会因浇水量的大小影响根系的生长和呼吸功能；第五，价格适中，取材容易，pH 值容易调节并且粘到手上的基质易清洗；第六，施用碳氮比高的肥料，会促进根的生长，抑制茎叶的生长；第七，对营养液的配制没有干扰。

三、固体基质的种类

根据基本物质组成成分不同，可将基质分为无机基质和有机基质。无机基质是指以无机物为原料的基质，一般很少含有营养，化学性质稳定，如岩棉、珍珠岩、蛭石、陶粒等；有机基质是一类天然或合成的有机材料，其营养物质含量丰富，且本身具有团聚作用或成粒作用，如泥炭、椰糠、锯木屑等。

（一）无机基质

1. 岩棉

岩棉是以玄武石、白云石等为主要原料，经高温熔化后在离心和吹管作用下形成的束状玻璃纤维，是很好的保温、隔热、隔音、防火材料。岩棉分为工业岩棉和农用岩棉，其结构和性能差别很大，在生产栽培中强调使用农业岩棉，不能用工业岩棉代替，否则难以达到理想的栽培效果。农用岩棉在生产过程中加入了一种具有表面亲水作用的黏结剂，能使岩棉浸水后长时间不变形，而且可以改善岩棉的吸水性能。农用岩棉容重较小，一般在 0.05～0.1 g/cm^3，孔隙大小均一，总孔隙度为 92%～98%，具有很好的透气性和保水性，且岩棉经过高温提炼，不携带任何病原菌，是一种良好的基质材料，在国外无土栽培中应用较为普遍。

2. 蛭石

蛭石为云母类次生硅质矿物，具有薄片叠合层状结构，通常为含镁的水铝硅酸盐类次生变质矿物。蛭石分为蛭石厚矿和膨胀蛭石两类，无土栽培生产中通常使用膨胀蛭石。膨胀蛭石是黑（金）云母在高温作用下失水膨胀而形成的，用途广泛。膨胀蛭石容重小，一般在 0.07～0.16 g/cm^3，总孔隙度大，可达 95% 左右，具有较好的透气性与吸水性，但保水性较差，是目前国内外应用较多的基质材料。蛭石具有良好的阳离子交换能力和吸附性，作为基质原料时，可以提高基质的缓冲能力，阻碍 pH 值的迅速变化，还可以吸附基质中多余的养分，使其在之后的生长阶段缓慢释放出来，促进草莓植株根系的生长和发育。蛭石自身还含有 K、Mg、Ca、Fe、Mn、Cu、Zn 等营养元素，能为草莓生长提供必要的养分，促进草莓快速生长。

3. 珍珠岩

珍珠岩是一种火山喷发的酸性熔岩经急剧冷却而成的玻璃质岩石。珍珠岩质地较轻，容重一般在 0.03～0.16 g/cm^3，易因浇水而漂浮在水面上，在草莓无土栽培中，常与其他基质材料混配使用。珍珠岩总孔隙度大，约为 93%，通气排水性好，在复配基质中，常通过添加不同比例的珍珠岩，来调节复配基质的总孔隙度和通气孔隙，确保草莓根系有一个良好的通气环境，促进根系的健康生长。珍珠岩具有搬运方便、病菌少、稳定性好、不易分解等优点，但珍珠岩受到挤压易破碎，且通常不含营养物质，阳离子代换量低，几乎没有缓冲能力。

4. 沙子

沙子指的是岩石风化后经雨水冲刷或由岩石轧制而成的颗粒。沙子来源广泛，价格便宜，是无土栽培中应用最早的一种基质材料。沙子因其来源不同其成分存在较大差异，一般主要成分为 SiO_2（含量在 50% 以上）。沙子容重大，在 1.5～1.8 g/cm^3，持水性较差，搬运不便，一般用作复合基质的少量配料。沙子中含有一定的 Fe、Mn、B 等微量元素，在作为基质材料使用时应进行检测，以免某些元素含量过高，而对草莓造成毒害作用。

5. 膨胀陶粒

膨胀陶粒是由大小均匀的团粒状陶土在 1 100 ℃左右的高温下烧制而形成的具有致密外壳、颜色赭红、内部为蜂窝状孔隙结构的颗粒。膨胀陶粒粒径较大，质地坚硬，不易破碎。膨胀陶粒排水通气性能良好，每个颗粒中间有小孔可以持水，可以单独用于草莓营养液栽培，也可以与其他基质混合使用，用来改善复配基质的通气、保水性能。膨胀陶粒孔隙较多，具有一定的盐离子交换能力，长期使用之后可能会造成盐分、病菌在颗粒内部和表面积累，而且在消毒和清理上很难处理干净，所以要注意定期更换。

6. 炉渣

炉渣是一种民用燃料的废弃物，来源丰富，取材方便。炉渣容重适中，约为 0.78 g/cm^3，通气性和排水性好，但持水性较差。炉渣含有一定量的大量元素（P、K）和丰富的微量元素（Cu、Fe、Zn、Mn）及重金属元素（Cd、Pb、Ni），对营养液成分影响较大。炉渣偏碱性，使用前应清洗或用酸性物质进行中和。炉渣一般不单独使用，混合使用中的用量不宜超过 60%。

7. 石砾

石砾是指平均粒径在 2～64 mm 有尖锐棱角的岩石或矿物碎屑物，是由暴露在地表的岩石经过风化作用而形成，或由于岩石被水侵蚀破碎后，经河流冲刷沉积后产生。作为栽培基质使用的石砾一般选择非石灰性的，如花岗岩；如果选择石灰质的石砾，应进行磷酸钙溶液处理后再使用，选用的石砾棱角最好不要太锋利，粒径在1.6～20 mm范围内。石砾质地坚硬，不易破碎，容重大，为1.5～1.8 g/cm^3，透气性与排水性较好，但是保水保肥能力较差，常用于草莓营养液栽培。

（二）有机基质

1. 泥炭

泥炭，或称草炭，是由沼泽中的植物残体（苔藓、芦苇、松柏类植物等）在水淹、低温、缺氧等条件下，经过缓慢、长期的分解、堆积而形成的一类物质，通常含未完全分解的植物残体、矿物质和腐殖质3种组分。

泥炭根据其形成的地理条件、植物种类和分解程度可分为三大类：高位泥炭、低位泥炭和中位泥炭。高位泥炭主要分布在高寒地区，是温带高纬度植物埋在地层下经过长期堆积炭化而形成的，以水藓属、羊胡子草属植物为主。高位泥炭分解程度较低，氮和灰分元素含量较少，酸性较强，pH值为4～5。高位泥炭容重较小，具有很好的孔隙结构，吸水透气性较好，且能在整个栽培中持续保有良好的结构性，适合用作无土栽培基质，使用前要注意调节pH值。低位泥炭主要分布在低洼积水的沼泽地带，是由生长需要无机盐养分较多的植物（以薹草属、芦苇属植物为主）以及冲积下来的各种植物残枝落叶经过多年积累而形成的。低位泥炭分解程度较高，氮和灰分元素含量较多，酸性不强，肥分有效性较高，风干粉碎后可直接做肥料使用。低位泥炭容重较大，吸水性和透气性较差，不宜用作无土栽培。中位泥炭是介于高位泥炭和低位泥炭之间的过渡性泥炭，其性状也介于二者之间，也可用于无土栽培。

泥炭是草莓基质栽培中应用最多的原料之一，含有丰富的有机质和腐殖酸类物质，具有较强的阳离子交换能力和缓冲能力，可为草莓提供稳定的根际营养环境。泥炭容重小，为 0.047～0.290 g/cm^3，具有优良的纤维状结构，疏松多孔，持水能力强，通透气好，保水保肥能力强，理化性能稳定，是一种优良的无土栽培基质。泥炭是不可再生资源，过度开采会严重破坏沼泽地生态环境，为节约资源、保护环境、探寻泥炭的替代资源意义重大。

2. 椰糠

椰糠是椰子壳加工后的副产物或废弃物，是一种天然可再生易降解的有机基质。我国是世界椰子主产区之一，椰树在海南等地区均有大量分布，椰糠资源丰富。椰糠容重较小，质地疏松，具有良好的孔隙结构，吸水性强，通透性好，保水和保肥能力也较强，可以作为良好的草莓无土栽培基质。椰糠自然态呈酸性，pH 值在 4.40～5.90，EC 值在 1.30～3.60 mS/cm，含有丰富的可溶性矿质元素，一般随着分解度的增加，EC 值提高。椰糠的阳离子代换量较高，具有较强的物理化学吸附能力，其碳氮比也较高，单独使用时容易出现缺素现象，因此在草莓无土栽培中要配合营养液使用或者与其他基质材料混合使用。

3. 菇渣

菇渣是种植平菇、香菇等食用菌后废弃的培养基质，其成分因栽培食用菌的种类以及培养基质配方的不同而存在较大差异，主要配料有棉籽壳、锯木屑、玉米芯、甘蔗渣、农业秸秆等。随着我国食用菌产业的快速发展，每年都会产生大量的菇渣，如果处理不当，不仅会造成资源浪费，而且会对生态环境造成较大的危害。菇渣中含有丰富的有机质、氮磷钾、氨基酸和维生素等营养物质，可以被植物吸收和利用，促进植物生长发育，同时菇渣还具有疏松多孔的结构，来源广泛，价格便宜，比较适合作为草莓基质栽培原料。菇渣在作为草莓栽培基质使用时，需先经过特定工艺的处理，使其具有适宜的理化性质，才能作为基质原料使用。生产上通常采用好氧堆肥法，即高温堆肥发酵对菇渣进行处理，将菇渣和调节物料按一定的比例混合，在合适的条件下使微生物繁殖并降解木质素、纤维素、有机质，从而产生高温，杀死发酵物料中的各种病原菌以及杂草种子，使菇渣发酵物的整体性状达到稳定状态。发酵后的菇渣理化性质稳定，并且各种营养物质更加利于植物吸收，可以促进草莓的生长。

4. 树皮和锯木屑

树皮和锯木屑是木材加工的副产品或废弃物，资源丰富，价格低廉。锯木屑质地较轻，容重小，通透性好，保水能力强，多呈中性或弱酸性，pH 值在 6.3～7.7，EC 值较低。不同树木的树皮和锯木屑成分差异很大，作为基质栽培的树皮和木屑以杉树为优，侧柏、桉树等针叶树的木质中含有有毒物质，不能作为基质使用。树皮和锯木屑中通常含有树脂、丹宁、酚类等物质，碳氮比较高，易携带病虫害，不宜直接使用，一般要添加较多的速效氮进行混合，经过堆腐发酵处理（至少 3 个月以上）后方可作为基质使用。

5. 碳化稻壳

碳化稻壳是指稻壳经过加热至其着火点温度以下，使其不充分燃烧而形成的木炭化物质。炭化稻壳因经过高温炭化，其中的杂草种子、虫卵及有害微生物均被杀灭，使用安全。炭化稻壳质地较轻，容重为 0.15～0.24 g/cm^3，易粉碎，总孔隙度及大小孔隙比都比较适中，通透性较好，保水保肥能力一般，在复配基质中可替代珍珠岩使用，改善基质通气性能。炭化稻壳中养分含量较低，但是含有一定的 P、K 等元素，pH 值偏高，在 6.5～7.7，如果使用前没有水洗，炭化形成的 K_2CO_3 会使 pH 值升至 9 以上，因此使用前宜水洗。

6. 芦苇末

芦苇末是利用芦苇制造纸浆的过程中，将芦苇切断而产生的下脚料，约占芦苇原料的 5%。芦苇末容重较小，约为 0.25 g/cm^3，总孔隙度大，pH 值为 7.0 左右，缓冲能力较强。芦苇末含有可溶性糖分，直接用作栽培基质，会在使用过程中产生大量有机酸及有毒气体而致草莓受害，此外，芦苇末含有病菌、虫卵、杂草种子等有害生物，因此，需要添加一定比例的辅料，在发酵微生物的作用下，进行生物发酵处理后，才能达到基质的要求。

7. 甘蔗渣

甘蔗渣是甘蔗经过榨糖之后剩下的渣滓，占甘蔗的24%～27%，价格低廉，在我国南方来源广泛。甘蔗渣中含有大量的蔗糖以及纤维素，碳氮比较高，需经过堆沤后才能使用。

8. 秸秆

秸秆是指水稻、小麦、玉米等禾本科农作物成熟脱粒后剩余的茎叶部分。秸秆中含有大量的有机质、氮磷钾和微量元素，是较好的基质材料，经过粉碎腐熟后常与其他基质材料混合使用。

9. 其他有机基质

我国地域辽阔，有机基质材料来源很广，除了上述几种有机基质，还有玉米芯、花生壳、棉籽壳、刨花、酒糟、废棉花、芦苇末、废纸浆、中药渣、海藻渣、豆渣、菜籽饼、棉籽饼、豆饼、落叶、草屑、畜禽粪便以及城市垃圾等。这些基质材料都来源于农林废弃物，即农业生产、园林绿化以及居民生活等过程中产生的废弃物，以往这些废弃物大部分被焚烧处理，不仅污染环境，而且造成资源的浪费。近年来，随着农业科技的发展，广大科研工作者开始寻找并研发新的基质材料来替代泥炭。农林废弃物具有有机质含量高、易分解、价格低廉、来源广泛等特点，可以进行资源再利用，随着相关研究的增多，各种农林废弃物使用量越来越多。

第三节　草莓基质栽培的基质配方

一、基质选用原则

基质是草莓无土栽培的基础和关键，基质的好坏直接关系到草莓的生长发育。能够应用于草莓栽培的基质种类有很多，为了使草莓基质栽培取得好的效果，在选择基质时应该考虑以下两个方面的因素：一是根系的适用性，二是基质的经济性和实用性。

（一）根系的适用性

在草莓基质栽培中，基质的功能就是为草莓根系生长创造适宜的环境条件，即有效的支持并固定草莓植株，且有利于草莓根系的伸展和附着，同时具备较好的水气比例，以满足草莓根系对空气和水分两者的需要。草莓是须根系，对水分反应敏感，要求既要有充足的水分供应，又要有良好的通气条件。因此在选择基质时，选择颗粒大小适中，表面粗糙但不带尖锐棱角，孔隙多且比例适当，具有较好的透气性、保水性和排水性的基质。因此，选择基质时，要考虑酸碱度、电导率、缓冲能力等因素，草莓基质酸碱度最好以微酸或中性为宜；电导率不能超过 0.6 mS/cm，因为草莓是盐分敏感作物，盐分过高会造成植株盐害发生，抑制草莓生长。选择无病菌无虫卵无杂草种子的干净基质更有利于草莓的生长发育。电导率可用 EC 计测定；酸碱度可用 pH 计测量。

（二）基质的经济性和实用性

选用基质既要考虑根系的适用性，还要考虑其实用性和经济性。有些基质虽然对草莓生长有良好的作用，但是来源不易或价格太高，或不利于生态保护，也不宜过多使用。如泥炭虽然性状优良，但泥炭属于不可再生资源，过多使用泥炭不利于生态保护，且进口泥炭价格较高，会增加草莓栽培成本。有些基质分布有一定的地域性，如作物秸秆（小麦秸秆、玉米秸秆）、玉米芯、棉籽壳等在北方地区较为常见，而椰糠、甘蔗渣等在南方地区分布较多，价格便宜，因此，在选用基质时，可以因地制宜，根据地区选择相应的基质，降低栽培成本。总的来说，在选用基质时，既要考虑基质对草莓生长有促进作用，又要考虑基质来源容易，价格低廉，经济效益高，保护环境，使用方便，可利用时间长短以及清洁美观等因素，选择适宜的栽培基质。

二、基质配比关键技术

（一）配比原则

每种基质材料都有优点和缺点，单一基质由于其理化性状上的缺陷很难满足草莓的生长需求，生产中常将多种基质按照一定的比例混合成复合基质，复合基质各组分性能互补，更有助于草莓的正常生长发育。基质复配的基本原则，要根据草莓栽培方式、栽培目的，选择合适的基质配方，所用基质材料以 2～3 种为宜。复配后的基质理化性状要满足草莓生长需求，一般情况下，基质的容重在 0.1～0.8 g/cm^3、总孔隙度在 54%～96%、大小孔隙比在 2～4、pH 值 6～8、电导率小于 2.6 mS/cm，草莓均能良好生长。

（二）基质配方

目前，基质栽培已经被广泛应用于草莓生产，草炭、蛭石、珍珠岩复合配方是目前草莓基质栽培中最常用的配方，生产中常用这 3 种基质材料按 1 : 1 : 1 的比例混合形成的轻型基质来栽培草莓，这种配比的复合基质疏松透气，持水能力也较强，适合草莓基质栽培。生产上根据栽培目的、栽培模式、栽培品种等的不同可适当调整其混合比例。由于草炭是不可再生资源，且这 3 种基质材料成本较高，规模化应用推广投入较大，很多地区根据当地的具体情况，因地制宜，就地取材，使用椰糠、菇渣、作物秸秆等有机废弃物替代或部分替代草炭，并适当添加稻壳、炉渣、黄沙、锯木屑等，达到降低成本、提高产量、改善品质的目的。

（三）复合基质混配方法

复合基质在配制时可采用人工配制和机械配制。人工配制时，每次混配的基质量最好不超过 20 m³，以免基质混配不均匀；采用机械配制时，要避免长时间的搅拌，否则对混配基质的物理性状会造成较大影响，特别是会降低基质的粒径和孔隙度，导致减小混配基质的透气性。

第四节　草莓固体基质的消毒与重复利用

草莓无土栽培基质一般可重复使用，以降低成本投入。重复使用的时间长短与基质自身的材质、理化性质等有关。基质结构在灌溉和植物根系作用下会有所改变，同时由于根系分泌物和营养液灌溉可能会造成基质中盐分和有害物质的积聚，因此，基质在重复利用前应该进行一些处理，如结构重组、淋洗、消毒等。

一、基质的结构重组

基质结构在灌溉和草莓根系作用下会有所改变，会导致基质的透气性和保水保肥能力下降，再次种植草莓可能会对草莓生长有一定的影响，但是如何进行结构重组，恢复基质的性能，目前并没有十分有效的方法。一般向使用过的基质中添加适量的珍珠岩或蛭石，可以增加基质的透气性，或向基质中添加适量的微生物菌肥，可以增加基质中的有机质，提高基质的保水保肥能力，且可以阻止病原菌的入侵，减少病虫害的发生。

二、基质的淋洗

在草莓无土栽培中，营养液中的有些营养元素不被草莓根系吸收就会留在基质中，根系代谢也会产生大量游离态的离子，根系腐烂和基质分解也会产生一部分离子。这些离子，有少部分和有机物络合后会缓慢释放，但是大部分还是以离子态存在于基质中，使基质中积累大量的盐分。草莓对盐分较敏感，盐分过高的基质会抑制草莓生长，基质在重复利用前需要用淋洗的方式去除其中过多的盐分。通气性好，水易淋透的基质可用清水连续淋洗至大量水流出的状态，一般连续淋洗 3 次基本能解决问题。分解快、种植后呈粉末状的基质，淋洗的水不易流出，只能采用露天放置、雨水冲刷的方式降低盐分。

三、基质的消毒与重复利用

草莓生长季节结束后，根系的分泌物和植株残体会留在基质内，如果翌年继续种植草莓，病虫害会比较严重。为了继续使用基质，节约生产成本，保证下一季草莓的健康生长，需要对使用过的基质进行消毒，防止有害病原菌、虫卵等的传播。

基质消毒有物理消毒和化学消毒两种方法。物理消毒的原理是利用各种热源使栽培基质温度达到 50 ℃以上来消灭病虫害，主要有蒸汽消毒、太阳能消毒、热水消毒等。化学消毒是利用化学药剂进行消毒，这种消毒方法较为简单，在大规模生产上使用较方便，但是对环境有一定的污染，并且有些药剂会对操作人员有一定的毒副作用，使用时需要严格注意，规范操作。目前草莓无土栽培中基质常用的消毒方法为太阳能高温消毒。太阳能高温消毒安全无毒，成本低且操作简单易行，是近年来草莓基质栽培中应用比较普遍的一种消毒方法。太阳能高温消毒是利用病原菌难以抗耐湿热、低氧环境的原理，通过覆膜储积太阳光热能，营造高温高湿和缺氧的基质内环境，达到杀灭病、虫、草害的目的。具体操作方法为：在夏季高温季节，将温室或大棚中的基质堆成 20～25 cm 厚，浇水使其含水量超过 80%，然后用塑料薄膜覆盖，同时密闭温室或大棚，在阳光下暴晒 10～15 d；如果温室或大棚内有固定的栽培槽，则直接向槽中浇水，将槽内基质浇透，并在上面覆盖薄膜即可。

第五节　草莓固体基质栽培的滴灌系统

草莓为浅根系须根作物，草莓根系是吸收、输导水分、养分、内源激素合成的重要器官，对草莓高产优质发挥着重要的作用。滴灌系统是基质培中供应草莓吸收水分和养分的必备设施，对草莓完成整个生长发育时期非常重要。滴管系统灌溉用水的pH值要调节为最适宜草莓生长的弱酸环境，滴灌施肥营养液的配方和浓度，要根据草莓不同的生长时期和实时长势进行精细化管理，以适应草莓不同阶段生长发育的需要，特别是对于结果盛期营养液配方中铵态氮和硝态氮的氮素形态和用量比例要进行微小调整，以促进果实的细胞分裂和细胞膨大，提高产量，改善品质。为避免水分或者营养液滞留在温室地面造成温室空气湿度过大而引发草莓病害发生，滴管系统需要设置专门的营养液回收系统，用于将基质中排出的水或者营养液引流排入地下水道，或者流入回收池循环利用。

一、传统草莓基质栽培滴灌系统

传统的大田滴管系统由四部分组成。

（一）过滤装置

在水源首部要安装砂石过滤器，保证营养液水源的清洁，以免堵塞滴灌孔。

（二）母液储存容器

母液储存容器3个：分别记为A、B、C，用于存放浓缩的营养液母液，A 容器存放硝酸钙母液，B 容器存放其他营养元素的母液，A、B 溶液供应各种大、中、微量元素肥料，C 容器存放磷酸或者硝酸，磷酸或者硝酸用以调节营养液的 pH 值。

（三）储液池或者储液槽

用来盛放稀释至所需浓度的营养液，用泵将营养液送入管道系统，最后通过滴灌带到达草莓根部。

（四）管网系统

由滴灌主管和滴灌带组成。滴灌带有多种规格的滴孔间距，可根据草莓的株距选择适合自己田间的滴灌带。

二、现代草莓基质栽培滴灌系统

现代草莓基质栽培模式，尤其是大型园区，大多采用水肥一体化技术与物联网控制技术相结合的滴灌控制系统，主要由灌溉系统、施肥系统和自动化控制系统 3 部分组成。

（一）灌溉系统

主要由水源工程、首部枢纽、田间灌溉管网及灌水器构成。灌溉系统通过离心泵将灌溉水源输送至田间，水泵采用变频控制，在系统首部要安装一套砂石过滤器和一套碟片式过滤器对水源进行过滤，过滤器要具备自动反冲洗功能。输配水管道包括干管、支管、毛管，干管埋设于地下；滴灌带采用多行直线布置，直接铺设于基质表面。

（二）施肥系统

主要由控制器、肥料灌、施肥器、传感器以及混合罐、混合泵等组成；施肥系统采用水肥一体机进行施肥。所谓水肥一体化，顾名思义，即灌溉与施肥融为一体，它通过科学的水肥配合和管理，实现水肥资源的高效利用，提高农业生产效益，同时保护环境，达到可持续农业的目标。施肥机由显示屏、主控制系统、水泵控制单元、灌溉电磁阀控制单元、报警装置、三路电动阀控制带流量显示的文丘里吸肥通道（可扩展）、EC/pH 检测单元等构成。系统在一个标准支撑平台的基础下，主控制系统利用安装在吸肥通道上的流量计监测肥料用量，利用主管道上的流量计监测水用量，控制三路吸肥电动阀的开度，直至主管道的水量和肥料通道上的肥料用量达到设定比例值，当主管道水量发生变化时，自动调节肥料吸入量，始终将吸肥量维持在一个稳定水平，然后打开基质培田间电磁阀进行灌溉，设备配肥精准、灵敏度高。

（三）自动化控制系统

主要由控制技术、解码器、电磁阀等组成。

自动化控制系统主要包括现场控制和远程控制，栽培现场以智能施肥机为控制核心，通过人工在施肥机操作平台上进行设置，到达预设值后系统自动启动，同时开发一套手机 App 程序进行远程控制，通过内置的物联网卡实现远程通信，无距离限制。

滴管系统工作的程序步骤和要求，滴管系统工作程序按照如下步骤进行：上位机管控系统→水源→量测装置（水表、压力表）→过滤器装置（进排气装置）→施肥机→干管（地埋 PVC 管）→支管→灌水电磁阀→地面 PE 管→滴灌带（管）或者滴箭。

第六节　草莓固体基质栽培的加温系统

北方寒冷地区的温室，尤其是连栋温室，冬季草莓生产时，栽培容器内的基质温度过低，导致前期根系生长发育不良，草莓的产量和品质都受到严重影响，所以寒冷地区，冬季草莓基质栽培需要采取基质加温措施。可采用温水循环加温、基质电热线加温等方式。具体可将电热线或水暖管道铺设于基质下方 10～15 cm 处（草莓根系分布区域），电热加温系统一般还配置温控设备，可根据天气情况设置加温温度以调节基质温度，调控根系生长环境，促进草莓的生长，达到草莓生产高产优质的效果。

第七节　草莓基质栽培营养液配方及配制方法

一、草莓营养液的配方组成及营养液配制方法

（一）草莓营养液配方成分

草莓生长必需的营养元素有 16 种，其中，碳、氢、氧、氮、磷、钾、钙、镁、硫为大量营养元素，铁、锰、硼、铜、锌、钼、氯为微量元素。碳和氧来自大气中的二氧化碳和氧气，氢和部分氧来自配制营养液的水；生产上的水源含有足够供应草莓正常生长需要的元素氯，配制营养液水源中的氯能够满足草莓生长的需要量，过多的氯还会造成毒害，硫酸镁含有硫，所以配制营养液时氯和硫不予考虑。

（二）草莓的需肥规律

草莓对肥料的需要量，每生产 1 t 草莓浆果约需吸收纯氮 3.3 kg、五氧化二磷 1.4 kg、氧化钾 4 kg。草莓不同时期需肥配方中各元素之间的比例，何时需求量最大，是否需要补充，主要依赖于对植株的分析。不同地区间水质和盐类原料纯度的差异、不同草莓品

种和生育阶段差异、栽培方式特别是基质栽培方式中基质的吸附性和本身的营养成分等因素都会改变营养液的组成。所以，配制前要正确、灵活地调整营养液的配方，配制成的营养液才能够真正满足草莓生长的需要。草莓营养液的配方在营养生长期、生殖生长期、开花结果期需肥侧重点有所差异，可根据植株营养体的大小、不同生长时期重点吸收的元素、各元素的生理作用，适当调整各元素的用量和比例，满足不同时期对不同元素的需求，从而满足生产的需要。另外，在实际应用中，还需要根据各地实际生产中应用的水源水质的检测指标对钙元素、镁元素等元素的浓度大小进行有针对性的微调整。

（三）草莓营养液配制注意事项

一个科学的营养液配方是通过实践检验符合草莓生长发育特点的配方，关键技术是配方中含有草莓生长所必需的全部营养元素、营养液中的各种化合物都必须以草莓可以吸收的形态存在、配方中所使用的肥料品种尽可能少、各种化合物能够在营养液中较长时间地保持其有效性、营养液中各种化合物的总盐分浓度不能因过低或者过高引起植物缺肥或者产生盐害（草莓营养液的总盐分浓度为0.15%～0.2%）、营养液中所有化合物在草莓生长过程中具有较为平稳的生理酸碱性。日本学者山崎肯哉提出用分析水培植物的营养液，以差减法确定植物对各营养元素的吸收量及它们之间的吸收比例，同时测定植物的吸水量，并将各营养元素的吸收量与吸水量联系起来，以确定营养液的适宜浓度，其中目前草莓上用得较多的日本山崎草莓营养液配方就是根据草莓的吸肥吸水规律制定的经典配方之一，稳定性较好（表2-1）。

表 2-1　山崎草莓营养液配方

营养元素种类	化合物名称	化合物用量（mg/L）	备注
大量元素	$Ca(NO_3)_2 \cdot 4H_2O$	236	日本山崎（1978）草莓专用配方
	KNO_3	303	
	$NH_4H_2PO_4$	57	
	$MgSO_4 \cdot 7H_2O$	123	
微量元素	Na_2Fe-EDTA	20 ~ 40	通用配方
	H_3BO_3	2.86	
	$MnSO_4 \cdot 4H_2O$	2.13	
	$ZnSO_4 \cdot 7H_2O$	0.22	
	$CuSO_4 \cdot 5H_2O$	0.08	
	$(NH_4)_6MO_7O_{24} \cdot 4H_2O$	0.02	

（四）草莓营养液配方中各种元素的常用肥源

营养液配方中含氮化合物的原料主要有硝酸钙、硝酸铵、硝酸钾、硫酸铵、尿素；含磷化合物有磷酸二氢钾、磷酸二氢铵、磷酸一氢铵；含钾化合物主要磷酸二氢钾、磷酸一氢钾、硫酸钾和氯化钾，其中氯化钾由于含有较多的氯离子，草莓营养液配方中慎用；含镁、钙的化合物有硫酸镁、硝酸钙、氯化钙；含铁化合物有硫酸亚铁、三氯化铁、螯合铁；其他微量元素化合物有硼酸、硼砂、硫酸锰、硫酸锌、硫酸铜、钼酸铵。

二、各种必需元素对于草莓生长发育的作用

（一）氮

氮是构成生命的物质基础，主要以含氮化合物的形态存在并发挥生理作用，草莓植株体内的蛋白质、氨基酸、核酸、酶、叶绿素、维生素、生物碱、ATP、激素等都是含氮物质，是细胞器和新细胞形

成的必需元素。RNA 和 DNA 是合成蛋白质、形成遗传物质的必要成分；叶绿素 a 和叶绿素 b 中都含有氮，叶绿素含量的多少，直接影响光合作用的速率和光合产物的形成；维生素 B_1、维生素 B_2、维生素 B_6、生物碱、激素等微量物质对调节草莓的生理活动起着重要的作用；细胞分裂素是嘌呤或嘧啶的衍生物，是一种含氮环状化合物，可以促进植株侧芽的发生及果实的膨大。草莓植株缺氮，新细胞的形成受阻，叶片变黄、植株瘦弱、生长发育延缓或停滞。缺氮症状常从较老的叶片开始，逐渐涉及新叶。缺氮草莓植株根系细长，根量较少。氮素过多在体内可能积累谷氨酰胺和天冬酰胺，引起徒长，叶片大而薄，叶柄匍匐茎柔嫩，抗病虫害能力减弱，抑制花芽分化。

（二）磷

草莓植株体内的磷以有机态磷和无机态磷两种状态存在，其中有机态磷以核酸、磷脂和植素等形态存在并发挥重要的生理作用，占全磷量的 85% 左右。核酸和蛋白质是保持细胞结构稳定、正常分裂、能量代谢和遗传所必需的物质；磷脂是生物膜的构成物质；植素是环已六醇磷酸酯的钙镁盐，它的形成和积累有利于淀粉的合成；ATP 是草莓体内高能化合物的成分；辅酶 I（NAD）、辅酶 II（NADP）、辅酶 A、黄素蛋白酶（FAD）和氨基转移酶中含有磷。施用磷肥能提高植物体内无机态磷酸盐的含量，其主要以磷酸二氢根和磷酸氢根的形态存在，它们常形成缓冲系统，使细胞内原生质具有抗酸碱变化的缓冲性。磷酸盐通过共质体途径进入木质部导管，然后运往植株地上部。光合作用中，磷参与光合磷酸化和光合作用暗反应 CO_2 的固定；糖代谢中，磷调控草莓叶片中糖代谢及光合产物的运输；磷是氮代谢过程中一些重要酶的组分，缺磷使氮素代谢明显受阻；脂肪代谢中脂肪合成过程需要多种含磷化合物；糖是合成脂肪的原料，而糖的合成、糖转化为甘油和脂肪酸的过程都需要磷，与脂肪代谢密切相关的辅酶 A 就是含磷的酶。草莓缺磷时植株矮小，叶片变为紫红色，叶缘出现紫褐色的斑点。

（三）钾

钾在草莓体内呈离子状态存在，或以 K^+ 形态吸附在原生质胶体表面，流动性很强，主要以可溶性无机盐形式存在于细胞中，可多次反复利用，钾以 K^+ 的形态被植物根系吸收，促进草莓体内同化产物的运输、能量变化等；促进叶绿素的合成，改善叶绿体的结构；促进光合产物向储藏器官运输，增加“库”的储存；钾是氨基－tRNA 合成酶和多肽合成酶的活化剂，能促进蛋白质和谷胱甘肽的合成。当供钾不足时，植物体内蛋白质合成减少，可溶性氨基酸含量明显增加，且有时植物组织中原有的蛋白质也会分解，形成大量异常的含氮化合物，如腐胺、精胺等而导致胺中毒；钾参与细胞渗透调节作用，是细胞中构成渗透势的重要无机成分；钾能使细胞壁增厚，提高细胞木质化程度，促进茎秆维管束的发育，使茎壁增厚、腔变小，从而提高植物的抗病力和抗倒伏性。草莓缺钾从老叶开始，新叶不明显。老叶叶缘会出现锯齿状的褐色和焦枯，由外向内蔓延；果实转色不均，质地柔软，品质变差。

（四）钙

钙主要以 Ca^{2+} 的形态被草莓植物体吸收。钙大部分分布于细胞壁、细胞内中胶层和质膜外表面、液泡中，细胞质内较少，是细胞壁胞间层果胶的主要成分，可增强细胞壁结构与细胞间的黏结作用，把细胞联结起来，可稳定细胞膜、细胞壁，保持细胞的完整性、提高膜结构的稳定性和疏水性、维持细胞的渗透调节、参与离子和其他物质的跨膜运输。钙可与有机酸结合为不溶性的钙盐而解除有机酸积累过多时对植物的危害，同时也是一些酶的活化剂。草莓缺钙叶片顶端皱缩，有淡绿色或淡黄色的界限，叶片褪绿，下部叶片也发生皱缩，顶端不能充分展开，变成褐色。在病叶叶柄的棕色斑点上还会流出糖浆状水珠，缺钙严重时大约在花瓣下花柄 1/3

处也会出现类似症状。此外，缺钙还会造成“僵果”。大量元素配比不科学会造成草莓养分不平衡，如过量的磷元素与钙元素容易发生反应被固定，大量施用钾肥会与钙元素形成拮抗作用，影响草莓对钙的吸收而造成缺钙。

（五）镁

镁是以 Mg^{2+} 的形态被草莓根系吸收。镁作为叶绿素 a 和叶绿素 b 的组成成分，在叶绿素合成和光合作用中起重要作用，参与叶绿体基质中 1,5- 二磷酸核酮糖羧化酶（RuBP 羧化酶）催化的羧化反应，镁的浓度影响 RuBP 羧化酶的活性；氨基酸的活化、多肽链的启动和多肽链的延长反应等都需要镁的参与。草莓缺镁，上部叶片边缘黄化，叶脉间褪绿并出现暗褐色斑点，老叶叶脉间产生褐色斑点。

（六）硫

草莓体内的硫有无机硫酸盐（SO_4^{2-}）和有机含硫化合物两种形态。硫是含硫氨基酸、辅酶 A、铁氧还蛋白、硫氧还蛋白和固氮酶（酸性可变硫原子）的组分，硫在草莓体内参与糖代谢、脂肪代谢、能量代谢，在光合、固氮、硝态氮还原过程中发挥作用。以 SO_4^{2-} 的形态被草莓根系吸收。草莓缺硫和缺氮症状相似，缺硫时叶片均匀地由绿色转为淡绿色，最终成为黄色。缺氮时，较老的叶片和叶柄发展为呈微黄色的特征，而较小的叶片实际上随着缺氮的加强而呈现绿色，而缺硫植株的所有叶片都趋于一致保持黄色。

（七）铁

铁对叶绿素的形成是必不可少的，与光合作用有密切的关系；铁卟啉是细胞色素氧化酶、抗氰氧化酶、过氧化物（氢）酶等的成分，在呼吸作用中发挥重要功能；铁是固氮酶中铁蛋白和铁钼蛋白的成分，参与生物固氮的过程。一般认为，铁是以 Fe^{2+} 的形态被根系吸收，螯合铁也可以被吸收，是草莓生产中必不可少的营养元素之一。草莓缺铁时叶脉（包括小叶的叶脉）为绿色，叶脉间为黄色，叶脉转绿复原现象可作为判断缺铁的特征；严重缺铁时渐成熟的小叶发白，叶子边缘坏死，或者小叶黄化（仅叶脉绿色），叶子边缘和叶脉间变褐坏死；草莓产量降低，果实偏小、着色不良、根系生长弱。土壤的 pH 值和 EC 值、土壤透气状况、土壤温度的高低，均影响铁元素的正常吸收。

（八）锰

锰主要以 Mn^{2+} 的形态被草莓根系吸收，在叶绿体中锰含量较多，叶绿体中的锰与蛋白质结合形成酶蛋白，参与光合作用；锰是磷酸基团的酶类、多种脱氢酶、硝酸还原酶、IAA 氧化酶等多种酶的活化剂。 草莓缺锰，新叶黄化，全叶呈淡绿色，逐渐变黄，有清楚的网状叶脉和小圆点；缺锰加重时，主要叶脉保持暗绿色，叶脉之间变成黄色，叶片边缘向上卷，有灼伤，灼伤会呈连贯的放射状横过叶脉而扩大，果实较小。

（九）硼

硼以硼酸（H_3BO_3）的形式被草莓吸收。硼的生理功能主要有：促进草莓体内糖的运输，硼和果胶结合是细胞壁的组分，硼影响细胞分裂素、生长素（IAA）等内源激素的含量，能促进花粉萌发和花粉管伸长。缺硼时，细胞分裂素合成受阻，而生长素（IAA）却大量累积、花药与花丝萎缩，花粉发育不良。

（十）铜

铜以 Cu^{2+} 的形式被草莓吸收。草莓需铜数量很少，大部分存在于在幼嫩叶片、种子等生长活跃的组织中。铜离子能与氨基酸、肽、蛋白质及其他有机物质形成各种含铜的酶和多种含铜的蛋白质，它们是植物体内行使各项功能的主要形态。例如，作为超氧化物歧化酶（SOD）的组分参与消除生物体内超氧自由基的作用；叶片中的铜在叶绿体中含量较高，铜也积极参与光合作用；铜对氨基酸活化及蛋白质合成有促进作用，对共生固氮作用也有影响。缺铜会影响叶绿素的生成，阻碍碳水化合物和蛋白质的代谢，未成熟的幼叶均匀地呈淡绿色，叶脉之间的绿色变得很浅，逐渐在叶脉之间有一个宽的绿色边界，其余部分变成白色，出现花白斑。铜过剩会导致新叶叶脉间失绿，诱发缺铁症。

（十一）锌

锌主要以 Zn^{2+} 的形态被草莓吸收，它在草莓体内的含量较低，锌是色氨酸合成酶的组分，能催化丝氨酸与吲哚形成色氨酸，色氨酸是生长素（IAA）合成的前体，所以锌能促进细胞伸长；锌是碳酸酐酶的组分，该酶存在于叶绿体内，与光合作用的 CO_2 供应有关；锌是羧肽酶等十多种酶类的辅基；锌参与 RNA 的合成，与蛋白质代谢有密切关系。草莓缺锌，植物体内蛋白质含量降低，叶色淡绿，叶片变小，较老叶片变窄，严重时新叶黄化，叶脉微红，叶片边缘有明显锯齿形边，结果数量少；锌过量会导致草莓发育不良，叶脉变褐色，叶柄上产生褐色斑。

（十二）钼

钼主要以 MoO_4^{2-} 的形态被植物所吸收。在 16 种必需营养元素中，植物对钼的需要量最低，但是具有不可或缺的生理功能。钼是硝酸还原酶的成分，参与氮代谢，缺钼导致植物体内硝酸盐积累；钼参与磷代谢过程，能促进无机磷向有机磷转化，影响草莓体内有机态磷和无机态磷的比例。缺钼时，体内磷酸酶的活性明显提高，使磷酸酯水解，不利于无机态磷向有机态磷的转化；钼能提高过氧化氢酶、过氧化物酶和多酚氧化酶的活性，是酸式磷酸酶的专性抑制剂；缺钼会引起光合作用强度降低，还原糖的含量减少。草莓缺钼症状与缺硫相似，叶片最终都表现黄化，随着缺钼程度的加重，叶片枯焦，叶缘向上卷曲。

三、营养液施肥和灌溉原则

草莓根系在营养液浓度过高的生长环境中根系易老化致早衰，在草莓生长期间，营养液浓度可通过 EC 值的测定来确定和调节，营养液浓度一般在开花前采用较低的浓度，开花后逐渐增加营养液浓度，以防止植株早衰。花前控制浓度为 0.4～0.8 mS/cm，花期在 1.2～1.8 mS/cm，结果期在 1.8～2.4 mS/cm。随着草莓生长期的延长，后期由于草莓根系腐烂及其产生的分泌物，营养液的 EC 值已不能准确反映营养液中各营养元素的浓度，准确的 EC 值应通过化学分析测定氮、磷、钾、钙等主要营养元素的含量并进行微调整。草莓生长发育最适 pH 值为 5.5～6.5，在 pH 值 5.0～7.5 范围内均可正常生长，一般不必调整。如果 pH 值超出界限，可用稀酸或稀碱进行调整。营养液以滴灌方式供应，灌溉时可用定时器控制供液间歇时间，基质含水量控制最大持水量的 70%～80%，也可按单株日最大耗水量 0.3～0.8L 进行供液。

四、营养液配制方法

（一）营养液配制的原则

水的来源有自来水、井水、雨水、洁净的水库水，各种水源的硬度：<150，pH 值为 5.5～8.5，NaCl 含量：<2 mmol/L，余氯：Cl<0.3 mg/L，重金属及其他有害元素不能超标；如果不符合要求，需要调节或者提前处理。营养液配制需要的各种化合物的纯度级别达工业原料或者农用级别即可，配制时按照实际含量达到营养液所需浓度，把相互之间不会产生沉淀的化合物溶解在一起，避免产生难溶性化合物。

（二）不同生长期的营养液配方

科学的营养液配方是草莓获得高产优质的关键措施。草莓对各种营养元素及其比例的要求不同，在不同的生长发育时期，对各种营养元素的比例和浓度也要求各异。因而在实际栽培生产中，应根据草莓各个生育时期的要求来适当调整营养液的配方和浓度。草莓在一年栽培过程中的生长发育分为 6 个时期：萌芽和开始生长期、花芽分化期、现蕾期、开花结果期、生长旺盛期和休眠期。据研究显示，每生产 1 000 kg 草莓果实，需吸收纯氮 6～10 kg、五氧化二磷 2.5～4 kg、氧化钾 5～10 kg。草莓是营养生长和生殖生长同步进行的植物，生长初期吸肥量较少，自开花以后吸肥量逐渐增多，随着果实不断采摘，吸肥量也随之增多，特别是对钾和氮的吸收量最多。除了氮磷钾大量元素外，草莓对中微量元素的需求也非常重要，尤其是钙、镁、硼、锌、锰、铜等，当缺少某种营养元素时，会产生相应的生理障碍，影响正常生长发育，所以要及时补充中微量元素、根据草莓不同生长时期的需肥特点合理调整各种元素的含量和元素之间的比例。

（三）营养液母液和工作营养液的配制方法

一般情况下，配成三种肥料。A 肥：不与钙盐产生沉淀的化合物溶解在一起；B 肥：不与磷酸盐产生沉淀的化合物溶解在一起；C 肥：微量元素溶解在一起。配制时要从配方中扣除水中含的 Ca^{2+}、Mg^{2+}、微量元素数量，用硝酸（HNO_3）补充扣除过程中减少的氮源数量。A 肥、B 肥、C 肥首先配成浓缩营养液，然后根据浓缩营养液的浓缩倍数稀释成工作营养液，并用磷酸、氢氧化钠等调整营养液的 pH 值。A 肥、B 肥一般可配制成浓缩 100 倍液、200 倍液、250 倍液或 500 倍液；C 肥可配制成浓缩 500 倍液或 1 000 倍液，具体浓度的大小根据配方中各种化合物的用量及其溶解度来确定，工作营养液的浓度要根据草莓不同的生长时期制定。

第八节　草莓基质栽培高架育苗技术

草莓露地育苗，不仅繁苗率低、苗龄不整齐、病虫草害问题严重，而且人工和农药肥料等投入品成本高，育苗期间还时常受到不良天气的影响，随着现代农业技术的渗透，基质栽培高架育苗必将成为今后草莓育苗的一大趋势。高架基质栽培育苗不但能够有效解决传统露地育苗的土传病害，提高繁苗率，降低劳动强度，节约劳动成本，提高育苗质量，而且能够吸引更多年轻创业者进入草莓育苗行业，增强行业活力，实现可观的经济效益。

一、高架育苗的含义

草莓高架基质育苗技术主要是指将草莓母苗定植在距离地表一定距离高的高架上，采用固体基质和水肥一体化技术进行管理的生产模式，支架可以支撑在地面，也可以用吊具吊在空中，可以单层也可以多层。支架部分，一般采用大棚钢管搭建，草莓母苗抽生匍匐茎后从高架顶部垂下，吊在空中生长，待匍匐茎苗气生根长出并且叶片数达到一定数量和标准时，将其剪下，扦插在装满基质的穴盘中（或者直接将气生根苗引插到装满基质的穴盘中），生根、长叶及进行花芽分化，最终形成生产苗的育苗方式。

二、高架育苗的设施及环境

高架育苗是在设施内进行的，要求采取良好的通风、避雨、遮阴、喷灌、降温、防虫措施，塑料大棚、温室、滴管系统、穴盘、遮阳网、湿帘、基质栽培床等是高架育苗的必备设施。为了提高繁苗率和有利于匍匐茎苗的通风透光，育苗高架需要架高 1.5 m 左右，架宽 20～30 cm，高架间距大于 100 cm。

三、高架育苗的步骤

高架育苗是一种草莓种苗快速繁育方法。包括如下步骤：优质母种苗的选择→匍匐茎苗的培育→匍匐茎苗的收取→匍匐茎苗的分类与扦插→穴盘苗培养→种苗或者生产苗的储存或定植。根据生产和市场需求，建议选择抗病性好、产量高、品质优的脱毒种苗品种，基质的特性和 pH 值要符合草莓生长所需要的指标，营养液浓度根据苗势进行调整。一般情况下，营养液采用八分之一浓度至标准浓度，缓慢增大营养液浓度，在滴灌系统中每 7～10 d 追肥一次，每株苗 50 mL 左右。

四、高架育苗的优势

与露地土壤育苗相比较，高架繁育种苗具有很多优势，具体表现如下。

（一）繁殖速度快，繁殖率高

高架育苗方式在 25～32℃的设施温室内，可实现四季连续繁苗；高架基质栽培空中育苗，每亩地可定植母苗 7 000～10 000 株，按照每株繁育 30 株，每年可以生产 21 万～30 万株苗，相比传统方法每年可繁殖 4 万～5 万苗，提高了 5 倍以上；如果母苗使用脱毒种苗，每株繁育 50 株，每年可以生产 35 万～50 万株苗。传统方法每年可繁殖 4 万～5 万株苗，高架育苗的繁苗率比传统方法育苗提高了 6 倍以上。

（二）高温气候移栽成活率高

高温气候条件下，定植成活率高达 95% 左右。

（三）便于栽培措施的一致管理

高架种苗，同批苗苗龄一致，穴盘苗定植时没有缓苗期，减少了补苗时间和用工，节约了生产成本；节约了土地，保证了种苗质量，实现了草莓种苗繁育统一化、标准化。

（四）劳动方式高效人性化

高架育苗比较人性化，减少了弯腰劳动的次数，省水节肥，实现了空中繁苗和两段式育苗，有利于培育壮苗，促进花芽分化。避免了连作障碍对草莓发生病虫害的负面影响。

五、高架育苗扦插技术

从高架剪下具有气生根的匍匐茎苗，使用草莓育苗专用基质加水至相对湿度 60%，子苗扦插选择 32 孔穴盘（54 cm × 28 cm），孔穴直径 5 cm，深度为 10 cm，每个穴盘扦插草莓苗 32 株，苗龄 45～60 d。扦插时子苗的气生根要用基质完全覆盖并使用 3～5 cm 长的草莓叉进行固定，做到深不埋心、浅不露根，使苗心茎部与基质平面平齐。定植后浇足定植水。棚内温度保持在白天 25～30 ℃，夜间 15～18 ℃。根据天气情况及时采取保温或降温措施。可以使用山崎草莓配方进行营养液的管理，生根后 1 周开始追肥，第一次和第二次滴灌的营养液浓度为 1/4，第三次以后使用标准浓度营养液，施肥频率为每 10 天一次。8 月以后停止追肥。

六、病虫害防治

草莓育苗时主要病虫害有炭疽病、白粉病、叶斑病、螨类、蚜虫等。育苗期间的病虫害防治要坚持“预防为主，综合防治”的方针，采取农业防治、物理防治和化学防治相结合的措施，优先使用脱毒草莓种苗，并做好蚜虫、红蜘蛛的防治，杜绝病毒病的传播。

第三章 草莓基质栽培优良品种和野生草莓品种介绍

目前已知的草莓品种可以分为三大体系，日本草莓、美国草莓和中国草莓，这三大体系几乎覆盖了全球的草莓市场，市面上以日本草莓居多。草莓基质栽培模式中要选用高产优质的草莓品种，但是草莓高产优质的新品种选育离不开优质的野生种质资源。基质栽培环境温湿度的可调控性，更有利于草莓新品种的定向目标选育。

一、适合基质栽培的优良草莓品种

我国是草莓生产和消费大国。全球现有草莓栽培品种 2 000 余种，其中绝大多数品种属于凤梨草莓（*Fragaria grandiflora*）。草莓消费市场的需求很大程度上决定了我国草莓品种选育的方向，我国目前育成的 146 个草莓品种中，绝大多数以冬季鲜食草莓为主，四季草莓品种和加工品种较少，种子繁殖品种是空白。适合基质栽培的草莓品种如下。

（一）红颜

红颜草莓（学名：*Fragaria × ananassa* ‘Red Face’）是日本静冈县用章姬与幸香杂交育成的早熟优良品种。2007 年引进的日本红颜草莓经多年、多点品比和区域试验选育而成。红颜草莓苗具有生长适应能力好、休眠浅、自然坐果能力强、果形大、品质优秀等特点。一、二级序单果平均质量 26 g，最大单果质量 50 g 以上；果肉红色，髓心小或无；果肉较细，甜酸适口，香气浓郁，可溶性固形物含量 11.8%。秋季 9 月底定植，12 月中下旬即可上市销售，采收期管理措施得当可持续到翌年 6 月，产量稳定且经济效益好。

（二）章姬

章姬是日本静冈县农民育种家章弘先生以久能早生 × 女峰杂交育成的早熟品种，1997 年引入我国。植株长势旺盛，株态直立，休眠期浅，特早熟，不抗白粉病。果实长圆锥形、淡红色，个大畸形少，有光泽、平整、无棱沟，可溶性固形物含量 9%～14%，味浓甜、芳香，果色艳丽美观，柔软多汁，一级序果平均 40 g，最大时重 130 g，亩产 2 t 以上（15 亩 =1hm^2，全书同），章姬草莓果实较软，不耐长途运输，适合鲜果采摘。

（三）香野

香野草莓是日本三重县农业研究所历时约 20 年通过 8 个草莓品种的复杂交选育而成，其注册名称为の野，即香野。在我国引进该品种后，又起了一个名字叫隋珠。它的果实圆锥形或长圆锥形，平均单果重 25 g，最大果重超过 100 g，大果有空心现象。

香野草莓的果皮红色，果肉橙红色，肉质脆嫩，香味浓郁。它的可溶性固形物含量 12%～14%，口感极佳。但温度较高时，由于生长期较短，品质明显下降。果实多汁，甜度高于甜查理草莓，口感优于章姬草莓。香野草莓的果实硬度大，耐储运，抗性强。它对炭疽病、白粉病的抗性明显强于红颜。休眠浅，是一种非常早熟的品种，花芽分化始于 9 月初，果实 11 月成熟，可采摘。隋珠草莓产量高，精细化管理可达亩产 3 000 kg，是红颜草莓的 1.5 倍。香野草莓抗炭疽病、白粉病、红蜘蛛，但不抗灰霉病。植株高大，可达 30 cm，较直立，长势强旺，茎粗近 2 cm，但匍匐茎较少。休眠期短，成花容易，花量大，连续结果能力强，早熟丰产。

（四）丰香

丰香草莓品种起源于日本。是日本农林水产省蔬菜试验场久留米支场杂交育成的优良品种。亲本是绯美子 × 春香，1973 年杂交，经 10 年选拔、比较试验，1983 年正式命名，我国从 1985 年开始从日本引入。丰香草莓品种果实短圆锥形，整齐，美观，果面平整无棱，鲜红色，有光泽。最大果重 35 g，平均果重 16 g。果肉细，白色，髓心实，果汁多，酸甜适中，香味浓。可溶性固形物含量 9%～11%。果实硬度中等，较耐储运。植株开张，生长势强，株高 25.6 cm，叶片圆形，深绿色，叶片边缘向上尖平，略呈匙形，托叶深绿色。花为两性花，白色，花序分枝为 2 歧，低于或平于叶面，花期易受低温危害；匍匐茎抽生能力中等，花芽分化早，休眠浅，需冷量 5 ℃条件下 50 h；适应性强，不抗白粉病，对灰霉病有一定的抗性，适合鲜食，可用于早促成栽培和促成栽培。

（五）枥乙女

又名枥木少女、枥乙姬。1996 年由久留米 49 号 × 枥峰育成，目前是日本的主栽品种之一。1999 年由沈阳农业大学从日本引入我国。该品种叶片匙形，植株根系发达，长势旺，抗旱、耐高温，匍匐茎抽生快、繁苗能力强，花芽分化早，属中、早熟品种。植株健壮，抗逆性强，病害轻。果实圆锥形略长，果面鲜红色泽，果肉嫩滑细腻，口感甜美，并带有浓郁的草莓香味。第一级序果平均单果重为 32 g 以上，最大果重为 85 g 以上，硬度大，耐运输。果肉细腻，口感香甜，基本无酸味，品质极佳。亩产可达 3 000 kg 以上。该品种适宜促成、半促成栽培。

（六）女峰

日本枥木县农业试验场佐野分场1981年以（春香 × 达娜）× 丽红育成。1985年由北京市农林科学院从日本引入我国，果实圆锥形，整齐，果面鲜红色，鲜艳，光泽强；果肉淡红色，质细、较致密，风味甜微酸，香气浓郁。露地栽培生长茂盛，结果不良。在设施栽培中花芽分化早，开花早，前期产量高，为早熟、品质佳的设施促成栽培品种，主要用于鲜食。适于我国南部及中部草莓种植区作促成栽培，果实耐贮性较好。此品种保护地栽培时会出现无雄蕊的雌性花，影响早期产量，需进行人工辅助授粉。

（七）粉玉1号

粉玉1号是杭州市农业科学研究院选育的粉果草莓新品种。粉玉1号属早熟品种，植株直立，生长势中庸，叶片圆形黄绿色，连续开花能力强，不断果，花序斜生，低于叶片，花瓣扁圆形，重叠。果实风味佳、口感好，果实圆锥形，果面粉红色，种子平于或凹于果面，果肉白色，紧实，髓心空洞无或小；在不疏果情况下，果个中等大小，第一花序一级序果平均单果重约28.0 g，二级序果平均单果重约17.1 g。12月下旬的果实品质最佳，可溶性固形物含量13.1%～18.0 %，平均值15.2%；果实硬度适中，耐贮运性好。较抗炭疽病，但也需适时防治；易感红蜘蛛，中抗白粉病；中抗灰霉病。在温度高、光照强的地区，果面呈粉红色至红色，在低温寡照地区，果面呈粉白色至白色；匍匐茎抽生能力强，匍匐茎粗壮，繁殖系数高。

（八）粉玉2号

粉玉2号也是杭州市农业科学研究院选育的粉果草莓新品种。粉玉2号也为早熟品种，成熟期较粉玉1号迟5～7 d，植株生长势强，株高 26～30 cm，花梗较长为 35 cm，叶片圆形，深绿色；花序斜生，低于叶片，花瓣扁圆形，重叠；果实圆锥形，果面粉红色，果肉白色，紧实，髓心空洞小，果实品质好且硬度高；果个大，第一花序一级序果（顶果）平均单果重 30.9 g；二级序果平均单果重 26.1 g；口感香甜可口，肉质细腻，风味佳。12 月下旬的果实可溶性固形物含量约 12.6%，低于‘粉玉 1 号’；果实硬度高于‘粉玉 1 号’，且果形一致性好；成熟期比‘粉玉 1 号’晚 5～7 d；与‘粉玉 1 号’相似；匍匐茎抽生能力强，匍匐茎粗壮，苗子繁殖系数高；由于生长势较旺，开春前需采用化控（农药、生长调节剂）等控旺。

（九）宁玉

宁玉是江苏省农业科学院园艺研究所以“幸香”作母本、“章姬”作父本杂交育成的草莓早熟新品种，2010 年通过江苏省农作物品种审定委员会鉴定；宁玉果实圆锥形，一、二级序果平均单果重 24.59 g，最大单果重 52.99 g 以上；果实红色，果面平整；果皮较厚，果肉橙红色，髓心橙色，肉质细腻，硬度好，香气浓，风味甜，品质上等。果实可溶性固形物含量 10.70%，总糖 7.38%，可滴定酸 0.52%，维生素 C 含量 762.00 mg/kg。果实硬度 1.63 kg/cm^2，耐储运。

（十）太空草莓 2008

太空草莓 2008 是由北京郁金香生物技术有限公司段一皋先生等技术人员利用美国‘卡姆罗莎’草莓品种的种子经太空宇宙射线诱变处理后的一个优系单株与日本‘枥乙女’草莓品种进行杂交选育而成的新品种。北京太空 2008 草莓品种，植株生长势中等，叶片中大，株型紧凑；叶片椭圆形，叶色深绿，叶脉叶沿锯齿明显，叶背面密生茸毛，叶表面有稀疏短茸毛；花大、花柄粗硬直立，花粉多，自花结实能力强，畸形果比例小；果实特大，一般单果重20～40 g，最大果89 g，平均单果重超过‘卡姆罗莎’，果实多为长圆锥形及长楔形；花量中等，弱小花较少，果枝粗硬直立，一个果枝一般开花5～6个，结果5～6个，果实大小一致，整齐，果实发育快，成熟期差异不大；果枝出生密度高，一般植株有3个果枝同期生长，结果期无间断性，日光温室栽培总果枝在10个以上，连续结果能力强；果实硬度中等，果皮有韧性，果肉软硬适口，完熟后全果鲜红，美丽有光泽，采摘后储运期果色不变，产品货架期长；果肉红色，果味甜酸，甜味突出，甜度超过美国“甜查理”“法拉第”草莓品种，香味明显，品质良好，结果期不抽生匍匐茎，生产管理简单。北京太空2008草莓，植株生长强壮，根系发达，成熟早，抗病力强，还没有发现感染重大病害的现象，而且特别高产，经过在北京日光温室三年的栽培试验表明：北京太空2008草莓新品种，比‘卡姆罗莎’增产25%；比‘甜查理’‘法拉第’增产40%；比‘红颜’增产35%；比‘土特拉’增产30%；比‘丰香’增产110%左右。

（十一）幸香

幸香，日本品种，1996年育成，1997年引入我国。果实圆锥形，深红色，光泽强，果形整齐。果实个大，一级序果平均果重20.4 g，最大果重48.9 g，亩产2 000 kg左右。适宜温室栽植，亩定植9 000～11 000株。种子黄绿色、红色兼有，凹入果面。萼片中等大，双层，平贴果实，去萼较易。果肉浅红色，肉质细，汁液多，酸甜适口，有香气，可溶性固形物含量10.4%，品种优良。果实综合阻力0.365 kg/cm²，耐贮运性优于丰香。植株长势中等，较直立，叶片较小，中间小叶长圆形，浅绿色。新茎分枝多，单株抽生花序数多，花序分枝较高，低于或平于叶面。单株可抽生匍匐茎8～10条，繁殖力强。丰产性好，亩产量2 000 kg以上。易感白粉病，较抗叶斑病。早熟品种，休眠浅，打破休眠需5℃以下低温150 h左右，适于保护地促成栽培。生产中控制氮肥的使用。特别在花芽分化期间更要控制氮肥的使用，否则易造成熟期推迟。

（十二）淡雪

淡雪草莓是原产于日本奈良县鹿儿岛的一个白草莓品种，为佐贺清香红色草莓的一个变异品种，2013年被登记为品种。栽培特征上主要表现为根系发达，植株健壮，叶片肥厚，匍匐茎抽生能力强，具有较高的丰产潜力，但是它的花朵相对体积较小，花粉产生量较少，为降低畸形果实的概率，最好通过熊蜂等来辅助授粉。淡雪草莓外观果形是略大的圆锥形，外表白色或者淡粉色，果肉白色微粉红。果实偏硬，有甜味，酸味较低，不抗白粉病。

（十三）甜查理

甜查理（Sweet charlie），是美国加利福尼亚州佛罗里达大学培育的特色草莓良种。该品种株型较紧凑，植株生长势强，叶色深绿，椭圆形，叶缘锯齿较大钝圆，叶片大而厚，光泽度强，叶柄粗壮有茸毛，植株健壮，根系发达，生长势强，抗灰霉病、白粉病和炭疽病，但对根腐病敏感。适应性广、休眠期短（45 h左右）、丰产、抗逆性强、大果型。最大果重60 g以上，平均果重25～28 g，亩产量高达2 800～3 000 kg，年前产量可达1 200～1 300 kg，果实商品率达90%～95%，鲜果含糖量8.5%～9.5%，品质稳定。

（十四）佐贺清香

日本枥木县农业试验场育成，亲本为久留米49号杂交枥峰，1996年注册，1998年引入我国。该品种植株长势强旺，叶色深绿，叶大而厚，抗病性较好，属大果型中熟品种。其果呈圆锥形，鲜红色，具光泽，果面平整，外观品质好。果肉淡红，果心红色，果实汁液多，酸甜适口，食用品质优。在耐储性、丰产性等方面均优于女峰。第一级果重 30～40 g，亩产 2 t 左右，休眠期浅，适宜温室生产，近年来在日本发展势头很猛。

（十五）四星

三重县、香川县、千叶县和日本国立研究开发法人农业食品产业综合研究机构共同育种出了种子繁殖型品种‘四星’。‘四星’是由‘三重母本 1 号’作为母本，‘A8S4-147’作为父本的杂交一代品种。育成的‘四星’为 10 倍体，父母本品种‘三重母本 1 号’和‘A8S4-147’中各自的单倍体，父本与母本品种都是自交 4 次后得到的品种，果实颜色鲜艳，形状良好，也具备高产量性，有稳定的高糖度，具有酸味，食味良好。同时具有早生性和长日性以及特殊的成花特性。

（十六）白雪公主

白雪公主草莓品种是由北京市农林科学院培育的一种白色草莓。植株较小，生长势中等偏弱，叶片为鲜绿色，花瓣为白色。果实呈圆锥形，最大果重可达 48 g，果面白色并带有光泽，果肉为白色，味道酸甜适中，具有菠萝香味、果实可溶性固形物含量一般在 9%～11%。具有较强的抗病性，尤其是对白粉病的抗性。“白雪公主”草莓喜欢温暖湿润的环境，适宜的生长温度在 15～30℃，需要充足的阳光和良好的排水条件。

（十七）妙香七号

妙香七号草莓是山东农业大学用红颜和甜查理杂交选育的草莓品种。一般 9 月上旬定植，12 月下旬开始成熟，翌年 1 月中旬进入盛果期，平均亩产 3 427 kg，在山东省草莓产区均可种植。妙香七号草莓喜温暖的气候，最适宜生长的温度为 5～30℃，如果气温过高或过低都会对其生长有影响，若是气温高于 30℃，就要采取相应遮阴措施。

二、野生草莓品种

野生草莓是珍贵的种质资源，是选育适合基质栽培模式草莓新品种的优秀亲本材料。另外，野生草莓品种花瓣颜色多，不同颜色的花朵相互搭配具有良好的观赏特性。基质栽培模式的野生草莓，会呈现出一片靓丽的风景，同时兼具一定的科普效果。我国野生草莓种质资源丰富，全世界草莓属植物约有 24 个种，分布在我国的有 13 个种，有 8 个二倍体种即森林草莓、黄毛草莓、五叶草莓、西藏草莓、中国草莓、绿色草莓、裂萼草莓和东北草莓，以及 5 个四倍体种即东方草莓、西南草莓、伞房草莓、纤细草莓和高原草莓。此外，近年来还发现我国东北分布有自然五倍体野生草莓。中国的天山山脉、长白山山脉、秦岭山脉、大兴安岭、青藏高原、云贵高原是天然的野生草莓基因库，蕴藏着种类和数量丰富的野生草莓，存在较多的种、变种和类型。

（一）森林草莓

森林草莓株高 10～15 cm，羽状三小叶，叶片椭圆形，匍匐茎合轴分枝。花瓣倒卵圆形，前端具缺刻。属于聚伞圆锥花序，一个复合花序，具有确定的初级单轴和侧向合散分枝，花序高于叶面近 1/3 或平于叶面。花丝极短，等长。果实呈红色或白色，果形长圆锥形或圆锥形，果软，果肉白色略黄，香味浓郁，汁液很少。种子红色，凸于果面。宿存萼片平展或反折。

（二）黄毛草莓

黄毛草莓株高 12～18 cm，生长势强劲。叶片肥厚，叶色深。小叶倒卵圆形，前端平楔，叶、叶柄、匍匐茎、花梗上均密被直立的棕黄色茸毛；匍匐茎红色，合轴分枝。花瓣卵圆形，显著离生。开放的花朵和果实保持直立朝天、不向下弯曲。果实圆球形呈白色，香味淡。种子极小凹陷呈黄绿色。宿存萼片紧贴于果实。抗叶斑病，抗寒性较差。

（三）五叶草莓

五叶草莓植株较矮小，株高 6～15 cm。羽状五小叶、稀三小叶，中心小叶叶柄长，叶背面呈紫红色。匍匐茎红色，单轴分枝。花瓣前端平楔。抗叶面病害能力强。果实有白色和红色两种类型，白果类型者果实椭圆形，具颈，有香味；红果类型者果实卵圆形，个小，无颈，无香味，酸。种子均深凹于果面，宿存萼片均反折。分布于四川、青海、甘肃、陕西和河南。

（四）西藏草莓

植株纤细，高 5～20 cm。小叶无柄或具短柄，椭圆形或倒卵圆形，顶端圆钝，边缘具尖锯齿。叶柄、匍匐茎、花序梗贴生茸毛。匍匐茎单轴分枝。花序上花少，常 1～4 朵。萼片卵状披针形，顶端渐尖，副萼片披针形，顶端渐尖。果实卵球形。宿存萼片紧贴于果实。分布于西藏。

（五）中国草莓

中国草莓植株纤细，匍匐茎单轴分枝。羽状三小叶，叶柄、匍匐茎和花梗近无毛或被极稀的直立白色茸毛。聚伞花序，一般每花序花朵数有 2～6 朵。两性花，花瓣稍微叠生或离生，常常有 5 枚。果实浅红色或红色，个小，呈球形或圆柱形，酸，没有香味。种子浅黄色或棕色，凹于果面。宿萼平展。分布于中国的西部和西南部。

（六）绿色草莓

绿色草莓植株较纤细，株高 15～20 cm，新茎比较多。叶片呈长椭圆形，匍匐茎单轴分枝。聚伞花序，花序显著比叶面高 1/3～1/2。花比较小，花瓣叠生近圆形，花丝细长。果实绿色，阳面一侧略红，果实呈扁圆形或圆形，果硬，果肉接近白色，有清香味。种子较大，黄绿色，凸于果面。宿存萼片紧贴于果实，除萼难。常在 10 月初再次开花。分布于新疆。

（七）裂萼草莓

裂萼草莓植株细弱矮小，株高 5～8 cm。匍匐茎很纤细，合轴分枝。羽状三小叶，有小叶柄，小叶呈长圆形或卵圆形，正面深绿色，几乎无毛，革质。花单生。萼片呈卵形，副萼片长圆形，顶端 2～3 浅裂，副萼片与萼片接近等长。果比较大，果形呈长卵圆形或纺锤形，鲜红色，果肉海绵质，近无味。宿存萼片开展。分布于西藏。

（八）东北草莓

东北草莓植株较高，为 15～25 cm。叶柄、匍匐茎、花序梗上被直立白色茸毛。匍匐茎合轴分枝。每个花序着生 3～16 朵花，分歧处常常有 1 枚三出复叶。花瓣稍叠生或离生，花丝较长，比雌蕊高。果实呈红色，果形圆锥形，果肉呈白色，香味浓郁，汁液较多。种子黄绿色，凸于果面。宿存萼片平展或微反折。抗寒性较强。分布于吉林、黑龙江和内蒙古。

（九）东方草莓

东方草莓雌雄异株。株高 10～20 cm。三出复叶，三小叶接近无柄或仅中心小叶具极短的柄。中心小叶倒卵圆形，叶背面常呈现紫红色。叶柄上茸毛多且直立。匍匐茎红色，合轴分枝。多歧聚伞花序，分歧处常有 1 枚三出复叶或 2 个苞片，每花序上常有 6～13 朵花。雌株花药瘪小或脱落，雄株花药大。果实呈短圆锥形或卵球形，果皮红色，果肉白色，有香味。种子凸。宿存萼片平展。抗寒性强。分布于吉林、辽宁、黑龙江和内蒙古。

（十）西南草莓

西南草莓雌雄异株。植株纤细，非常矮小，株高约 5 cm。羽状五小叶或三小叶，下部的两小叶小些。小叶接近无柄或者只有中心小叶有短柄，叶片椭圆形或长椭圆形，前端圆钝。匍匐茎红色，单轴分枝。花序上花常有 1～3 朵，花瓣卵圆形。雌株花药瘪小或脱落，雄株花药大。果实橙红色至浅红色，卵球形、球形或椭圆形，宿存萼片紧贴于果实。种子深红色，种子在果实阴面凹陷，阳面则不凹陷。分布于西藏、四川、云南、青海、甘肃和陕西。

（十一）伞房草莓

雌雄异株。株高约 15 cm。叶片多为三小叶，少为羽状五小叶，叶倒卵圆形，前端平楔。匍匐茎很多、很细，红色，单轴分枝，不易扎根。花序高于叶面，每花序上常 2～5 朵花。雌株花小，花瓣叠生，花药高于雌蕊，花药常瘪小或掉落，雄株花药大。果实表面红色，卵形，果肉粉白色，味淡，有酸味。种子深凹。宿存萼片平展或反折。夏季高温植株易成片枯死，但秋季凉爽时能再次萌发新叶并抽生大量匍匐茎形成幼苗。分布于甘肃、山西、陕西、河南和河北。

（十二）纤细草莓

纤细草莓雌雄异株。植株极纤细、矮小，株高 3～10 cm。叶为羽状三小叶，倒卵形，小叶无柄或中心小叶具短柄。叶柄、匍匐茎及花序梗均被稀疏的开展茸毛。匍匐茎纤细、单轴分枝。花序上花朵较少，常有 1～2 朵。单性花。果面红色、较小，果形半球形或椭圆形，无香味。种子红色、很小、极凹陷。宿萼反折。夏季高温植株易成片枯死。分布于中国西北部。

（十三）高原草莓

高原草莓雌雄异株。植株较矮，羽状五小叶或三出复叶，小叶长椭圆形，叶柄绿色，其上茸毛直立。匍匐茎单轴分枝，其上茸毛向前紧贴。叶面高于花序，花序上花朵较少，常常只有 2 朵，花序梗及小花梗上茸毛向上紧贴。果实颜色橙红色至浅红色，果形卵球形，果肉浅红色，无香味。种子黄绿色，凹于果面。宿萼紧贴于果实。抗寒性较强。分布于西藏和四川。

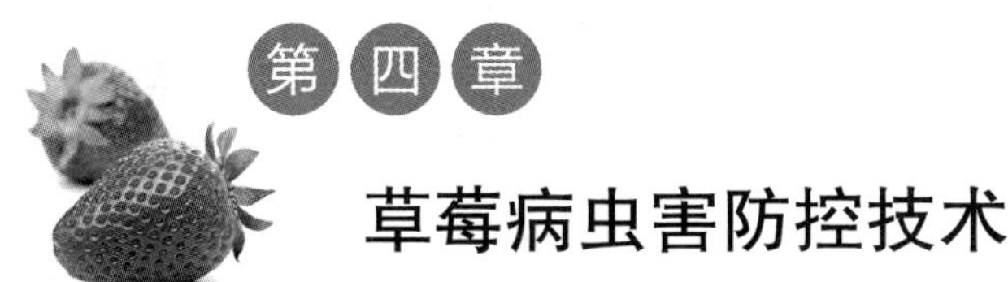

第四章 草莓病虫害防控技术

草莓是多年生草本植物，适应性广，栽培周期短，在我国各地均有种植。近年来，设施草莓栽培面积不断增加，其生长空间相对密闭，容易出现高湿、通风透光差等问题，从而引发草莓病虫害的滋生蔓延，并呈逐年加重趋势。草莓的病害主要有细菌性病害、真菌性病害、生理性病害等，虫害主要有蚜虫、蓟马、斜纹夜蛾、红蜘蛛、地老虎、蝼蛄等。为了防治草莓病虫害，生产上会施用大量农药，众所周知，草莓以食用鲜果为主，所以农药的施用会严重影响草莓的食用安全，农残给人们的身体健康埋下隐患，为此，防治草莓病虫害要采取综合措施进行绿色防控，严格遵守《中华人民共和国农产品质量安全法》第 25 条规定，安全科学使用农药，坚持预防为主、防治为辅的方针，降低农药残留，在提高草莓经济效益的同时，提高草莓食用安全性，保障人民身体健康。在草莓病虫害综合防治过程中，要坚持预防为主、综合防治的导向，从源头抓起，杜绝病源和虫源进入田间生产链条。

第一节　草莓病虫害防治的基本原则

一、定植前病虫害的预防

（一）选择优质、丰产、抗性较强的品种

目前我国生产中的主栽品种以日系品种和欧美品种为主，近年来，我国很多科研院所也研发出了具有自主知识产权的品种，如太空草莓 2008、宁玉等。不同品种间抗病性有较大差异，日系品种口感好，果实偏软，但抗病性较差；欧美品种果实硬，耐运输，抗病性强，但口感偏酸。目前我国草莓的主栽品种主要有红颜、章姬、太空草莓 2008 等。

（二）做好定植前的环境消毒工作

我国草莓以设施栽培为主，定植前更要做好种苗和田间环境的消毒工作，种苗消毒采用全株喷洒杀菌剂的方式，田间环境消毒的范围包括草莓地上部立体生长空间和地下土壤两部分，分别灵活采用喷雾、熏烟、土壤处理相结合的方式防治病虫害，做到不留死角。田间环境的管理，第一，要做到全程覆盖防虫网，杜绝害虫入侵的机会。第二，合理轮作，对于草莓来说，可以与水稻进行水旱轮作，与大蒜、玉米进行轮作倒茬，避免连作障碍，有效减轻草莓真菌性病害的发生。第三，利用夏季高温对土壤进行闷棚处理，能够消灭土传病害，消灭虫卵和线虫、蛴螬等地下害虫，高温消毒无污染、无农药残留、消毒时间短，成本低，效果好，还能有效促进土壤中有机物的分解，环境友好性强。第四，培肥地力，平衡施肥。针对草莓不同的生长时期，根据不同的生长需求分别配制氮磷钾等各种元素的用量并注重微量元素的施用，增施有机肥，改善土壤结构，为草莓的健康生长提供一个良好的生长环境。第五，对于

污染严重特别是重金属污染严重的土壤，采用去除污染表层、深耕翻转污染土层等方法防病，这些方法仅适用于土壤。

二、定植时使用脱毒种苗

脱毒草莓苗的脱毒过程，不但去除了植株体内的病毒，同时也消灭了各种细菌和真菌，所以植株本身不带病菌，脱毒后的草莓苗生长代谢和生长发育得以恢复，生长势和抵抗田间细菌性和真菌性病害的能力得到增强，所以间接减少了农药的施用。脱毒苗在生产上表现出长势健壮、繁苗率高、花序抽生能力强、抗病性强、产量高、品质好等特点，能够极大幅度提高草莓种植经济效益。

三、定植后病虫害防治

即使经过严格的预防，草莓的生长环境仍然会受到天气等不可预测的自然因素影响而发生病虫害，一旦发生，要在发生初期及时采取安全高效的措施防治病虫害。

（一）采取人工措施

草莓的每个生长时期，都有发生病虫害的可能性，在劳动力充足时，可以随时人工清除田间病株，摘除病叶；对于个体较大群体密度较小的害虫，可以进行人工捕杀。这种方式虽然增加了人工成本，但杜绝了农药污染，保证了草莓的质量安全。

（二）采取诱杀与驱避措施

利用害虫对外界环境条件的反应，诱杀或者驱避虫源。害虫对外界刺激的反应主要表现为趋光性、特定潜伏性、食材喜好、颜色偏好等。主要有以下几种诱杀措施：

（1）灯光诱杀。是利用害虫趋光性进行诱杀的一种方法。目前在草莓生产中，频振式杀虫灯使用较多；蝼蛄具有强烈的趋光性，在 40 W 黑光灯下能诱到大量蝼蛄。灯光诱杀简便高效，对人体安全，根据实情也可以选择使用高压汞灯、双波灯等。

（2）利用潜伏性诱杀。有些害虫需要特定的条件进行潜伏。利用这一习性，人们可以有针对性地诱杀。如蓟马有白天潜伏傍晚出来觅食的特性，防治蓟马就可以选择在傍晚时用药，效果会事半功倍。

（3）食饵诱杀。用害虫喜欢食用的材料做成诱饵，吸引害虫前来觅食并集中消灭。例如，蝼蛄喜欢食用马粪和一些炒香的豆饼或煮熟的谷子，可以利用蝼蛄的趋味性诱捕，具体操作时，把这些食材放在直径 30 cm 左右、高 30 cm 左右的圆柱形容器底部，把容器埋在地下，口部与地面平齐，在容器口径上面搭一些秸秆遮掩，天黑时放好，诱到的蝼蛄等天亮后取出即可。

（4）色板诱杀。色板可以诱杀蚜虫、飞虱、蓟马等小型害虫。在离植株上方稍高的位置，悬挂涂有黏液的黄板或者蓝板，吸引害虫前来，粘住害虫使其失去活动自由起到防治的作用。例如，草莓植株有蚜虫为害时，利用蚜虫对黄颜色的趋性，可以在田间略高于草莓植株的上方悬挂黄板诱杀；草莓蓟马对蓝色有一定的趋性，可以在田间略高于草莓植株的上方悬挂蓝板诱捕。

（三）采取生物防治技术

生物防治是利用某些生物或生物的代谢产物及有益生物来对病虫害进行控制和防治的技术。生物防治对人畜安全。有益生物包括昆虫天敌、病原微生物；代谢产物指的是昆虫病原微生物代谢产物制剂、昆虫不育剂、昆虫信息素、生长调节剂、行为调节剂等。生物防治是绿色食品生产的重要保证，是现代化农业生产的新潮流。生物防治成本低，能有效控制害虫，对环境安全、避免化学农药污染，但是与化学农药相比，见效速度慢，而且生物制剂的生产效率不及化学农药易于批量生产。草莓生产中比较成熟的生物防治技术有：利用释放利蚜小蜂防治烟粉虱和温室白粉虱；利用胡瓜钝绥螨捕食螨防治草莓上的二斑叶螨、朱砂叶螨、茶黄螨、截形叶螨等；利用昆虫性诱剂诱杀草莓田间小地老虎等害虫；利用枯草芽孢杆菌防治草莓灰霉病和白粉病；利用苏云金杆菌制剂防治草莓上的斜纹夜蛾等。

（四）化学农药防治

我国在草莓生产过程中已登记允许使用的农药共 34 种，其中单剂 24 种、混剂 10 种，杀菌剂 25 种、杀虫剂 7 种、除草剂 1 种、植物生长调节剂 1 种。草莓的病虫害主要有白粉病、炭疽病、叶霉病、黄萎病、根腐病、蚜虫、根线虫、地老虎、红蜘蛛、蓟马和蛴螬等，在实际生产过程中经调查发现，防治这些病虫害常用农药制剂品种多达 60 种，但是只有多抗霉素、苦参碱、吡虫啉、醚菌酯、戊唑醇、苯醚甲环唑、木霉菌、嘧霉胺、吡唑醚菌酯和啶酰菌胺 10 种农药在草莓生产过程中已登记允许使用。草莓从田间到餐桌要经过生产、流通等诸多环节，每一个环节都有被污染的可能性，农药在草莓生产环节中的不科学使用，在源头上会造成污染，所以要严格遵守《中华人民共和国农产品质量安全法》第 25 条规定，科学用药，保证人们的餐桌安全。

四、科学合理施用农药

农药是现代农业的重要生产资料，农药防治是植物保护的主体，是现有人类管理的所有具有潜在毒性的化合物中，唯一被有意识地释放到环境中以实现其价值的物质。自古以来，人类就一直在同危害农作物的各种有害生物进行斗争。

农药是用于预防、控制危害农业、林业的病、虫、草、鼠和其他有害生物以及有目的地调节植物、昆虫生长的化学合成，或者来源于生物、其他天然物质的一种物质或者几种物质的混合物及其制剂。我国现有农药600多种，常用的就有300多种。农药按主要防治对象可分为杀虫剂（包括杀螨剂、杀软体动物剂）、杀菌剂（包括杀线虫剂）、除草剂、植物生长调节剂和杀鼠剂等大类。农药原药一般不能直接使用，需要根据其特性和使用要求与一种或多种农药助剂配合加工或制备成某种特定的形式即农药剂型。农药的主要剂型有：可湿性粉剂、可溶粉剂、水分散粒剂、乳油、悬浮剂、微乳剂、水乳剂、颗粒剂、细粒剂、种衣剂、拌种剂、熏蒸剂和烟剂等。农药属于有毒的物质，在防治植物病虫害的过程中，农药使用不当会对农作物造成危害，施药浓度过大、施用时间不当是产生药害的主要原因。要按照说明书规定把握好用药时期，不要随意加大药量并切实执行农药使用的安全间隔期。

第二节　草莓主要病害防治技术

草莓在生产中的病害主要有白粉病、灰霉病、炭疽病、轮斑病、根腐病、蛇眼病、菌核病、青枯病、根结线虫病和病毒病等。

一、白粉病

（一）危害特点

白粉病是草莓上普遍发生的主要病害，病菌为子囊菌亚门真菌。病原为羽衣草单囊科，属子囊菌亚门、白粉菌目、白粉菌科、单囊科属，为专性寄生菌，病菌发病适宜温度为15～25℃；分生孢子发生和浸染适宜温度为20℃，一般低于5℃或高于35℃均不发病。空气相对湿度80%以上发病较重，湿度低于50%不易发病，但是土壤缺水、过分干旱时也容易发病，栽培密度过大、植株徒长、氮肥过多、植株过嫩等，均有利于病害的发生流行。遮光可加速孢子的形成，如果遇到连续阴雨、雾霾和雨雪等寡照天气，会利于病菌的蔓延和传播。

（二）发病症状

随着设施草莓栽培面积扩大，大棚草莓容易出现湿度大、光照不足和通风不良等问题，为草莓白粉病的发生提供了便利条件。白粉病病菌在草莓植株上全年寄生，条件适宜时即可发病。主要危害叶片、叶柄、花器、果实。叶片多从下部老叶先发病，发病初期，叶背面出现白色丝状菌丝，后形成白粉，随着病菌的进一步浸染，形成灰白色的粉状微尘，叶片向上卷曲呈汤匙状，形成叶片蜡质层，发病后期叶片褪绿、黄化，其表面覆盖白色霉层；随着病情严重，病斑由叶片向叶柄扩展，逐渐蔓延到果柄，造成叶柄上布满白色的霉层。花器危害表现为花瓣呈粉红色，花蕾不能正常开放；幼果期受害后，果实停止发育，不能正常膨大，严重时果实硬化，形成僵果；成熟果实受害后着色变差，果实表面覆盖大量白粉，严重时果实腐烂；严重影响草莓的产量品质和经济效益。

（三）防治措施

（1）选用抗性品种，如欧美的草莓品种多表现高抗或抗病，如卡麦罗莎、森加拉等，日系品种红颜、章姬属于软果型的草莓品种，口感好，营养丰富，但较容易感染白粉病；我国自主培育的品种太空草莓 2008 等表现为抗病或中抗白粉病。

（2）实行高畦栽培或者高架栽培，及时摘除下部老叶，保证田间通风透光好；地表全覆盖地膜，安装滴管系统，有效降低空气湿度；培育无病壮苗；加强栽培管理，避免连作障碍，创造不利于白粉病发生的环境条件，可减轻白粉病的发生。

（3）药剂防治是防控草莓白粉病经济有效的方法。在发病前或发病初期，首先可以选用乙嘧酚黄酸酯、醚菌酯、唑醚・氟酰胺和粉唑醇等对植株喷雾，每 5～7 d 喷施 1 次，连续用药 2～3 次，可有效控制白粉病的发生。施药期间多种农药交替使用，避免产生抗药性，喷洒农药时，叶面、叶背、叶柄都要喷到；结合滴管施肥可以在滴灌营养液中加入吡唑醚菌酯，利用药剂的传导性杀灭植株各个部位的病菌。

二、灰霉病

（一）危害特点

灰霉病是草莓生产中一种常见病害。病原菌为真菌半知菌亚门灰葡萄孢菌，菌落扩展、絮状，气生菌丝发达。低温高湿的环境条件有利于发病。草莓叶片有积水时易发病。温度 13～25 ℃，相对湿度 80% 以上时开始发病，当相对湿度大于 90% 的时间超过 8 小时以上时，能够完成病原菌的浸染、扩繁和繁殖过程。气温低于 2 ℃或高于 31 ℃环境下，以及空气干燥时不发病。病菌主要以分生孢子、菌丝体或菌核在病残体和土壤中越冬。翌年环境条件适宜时，分生孢子借助农事操作、气流、雨水等进行传播，在适宜的温度和湿度下萌发产生芽管，通过花瓣掉落的部位、基部老黄叶边缘、萎蔫的新芽、基部叶柄、农事操作伤口侵入草莓植株，进行初次侵染，发病部位在潮湿的环境下产生分生孢子，进行再次浸染；另外可以通过病叶、病果进行接触传播。一般每年发病率达 20%～40%，重发的达 50% 以上，严重影响草莓产量和果实品质。

（二）发病症状

草莓灰霉病以保护地栽培最为严重，保护地栽培的冬春季节寒冷期，由于棚内适温高湿，有利于灰霉病发生；多雨季节为发病盛期；开花坐果期至采收期是发病敏感期。结果期主要危害果实，幼果尤为严重，也可危害花瓣、果梗、叶片和叶柄。幼果侵染初期形成水浸状病斑，逐渐形成褐色病斑，高湿环境下果实表面布满灰褐色霉层，干燥条件下呈干腐状；成熟果实常从果实基部产生浅褐色病斑，逐渐向整个果实扩展，最终果实表面布满灰色霉菌而腐烂；花萼感染后其背面变红褐色；花絮发病时，果枝、萼片、花瓣均呈红色或褐色；病花脱落到叶片上可导致叶部发病，叶部发病初期表现为水渍状小斑点，逐渐形成褐色轮纹状大斑，最终蔓延至整个叶片，导致叶片腐烂。

（三）防治措施

（1）选用抗性品种，使用脱毒种苗，是防治草莓灰霉病最经济有效的手段。日系品种较易感病，欧美系品种抗病性较强，脱毒种苗脱毒的同时，也消灭了病菌，脱毒种苗本身不带菌，使用脱毒苗可以从源头杜绝灰霉病的发生。

（2）采用高畦、地膜全覆盖栽培，安装滴灌系统施肥，适当降低草莓种植密度，适时疏叶疏花，控制草莓生长群体，有效做好棚内通风降湿；对于连年种植草莓的地块，可以与水稻进行水旱轮作，或与葱、韭菜、蒜等作物轮作倒茬，避免连作障碍；合理调节氮磷钾比例，控制氮肥用量，增施有机肥，防止植株旺长，促进植株健壮，提高植株的抗病力；开花坐果期至采收期是发病敏感期，要严格控制大棚的温湿度，加强通风管理，避免棚内长期处于高湿状态；一旦发病，在发病初期及时小心地将病残体摘除，轻轻放进塑料袋封口后带出棚外进行集中销毁，以免扩大感染；收获季节拉秧结束，彻底清除病叶、病果，并对棚膜、土壤、苗盘、农具等进行喷雾灭菌，做到全方位各个立体生长空间彻底消毒，不留死角；利用夏季高温闷棚，闷棚前将稻草秸秆切碎混入土壤，并灌水至饱和状态，盖上地膜，封闭大棚 20 d 左右，消灭土壤中的病原菌和害虫。

（3）生物防治。发病初期，可用木霉菌（活孢子 2 亿个 /g）

可湿性粉剂 500 倍液，或者枯草芽孢杆菌（1 000 亿个孢子 /g）可湿性粉剂 1 500 倍液进行喷雾防治，每隔 5～7 d 用药 1 次，连续用药 2～3 次，可有效控制灰霉病的发生。

（4）化学防治。化学防治是防治灰霉病最经济有效的方法，花期和坐果期是防治重点时期，及时采用保护性的杀菌剂预防和防治病原菌侵染，主要喷施残花、叶片、叶柄及果实等部位，可施用嘧霉胺、啶酰菌胺、唑醚・啶酰菌防治草莓灰霉病。化学防治和生物防治相结合，可以减轻抗药性。

三、炭疽病

（一）危害特点

草莓炭疽病病菌为半知菌亚门毛盘孢属草莓炭疽菌，炭疽病病菌分为 3 种：草莓炭疽菌、胶孢炭疽菌、尖孢炭疽菌，在世界各地草莓种植区均有发生，病菌经历越冬、始发、盛发和衰退 4 个阶段。草莓炭疽病菌可以随病苗在发病组织越冬，或者以菌丝和拟菌核随病残体在土壤中越冬。翌年菌丝体和拟菌核发育形成分生孢子盘，产生分生孢子，分生孢子靠地面流水或雨水冲溅传播，侵染近地面幼嫩组织，完成初侵染。在病组织中潜伏的菌丝体，翌年直接侵染草莓引起发病，病部产生的分生孢子可进行多次再侵染，导致病害扩大和流行。草莓炭疽病是典型的高温高湿型病害，病原菌的菌丝生长和产孢适宜温度为 10～35℃，菌丝生长最适温度为 24～28℃。干燥晴朗的天气则不利于病害的发生蔓延，湿度越高，病害流行越快。侵染草莓叶部有 2 种炭疽病菌：一种是由草莓炭疽菌和胶孢炭疽菌引起的炭疽叶斑病，也叫黑斑病，另一种是由尖孢炭疽菌引起不规则叶斑病。6—7 月，温度高，雨水多，空气湿度过大，容易造成炭疽病的快速传播。夏季育苗时节，新叶为草莓炭疽病的初侵染源，病株定植后再次侵染幼苗新长出的第 1～3 片叶，接着匍匐茎、叶柄、根茎、花朵、花序、果实也会受到侵染，草莓炭疽病已成为继草莓灰霉病和草莓白粉病后制约中国草莓产业发展的第三大病害。

（二）发病症状

不同部位的症状表现不同。幼苗发病：主要表现在叶片上，植株逐渐萎蔫枯死；茎部发病：病斑一般长 3～7 mm，黑色，纺锤形或椭圆形，溃疡状，稍凹陷；叶柄或匍匐茎发病：匍匐茎和叶柄在侵染初期呈现红色条纹病斑，接着颜色变深，病斑凹陷变硬，中心周围出现粉红色的孢子团；根茎病斑是从根茎一侧近叶柄基部完成初侵染，逐步向根茎内以"V"形路线扩展到根茎，受侵染后植株在午后表现萎蔫，傍晚恢复，2～3 d 后死亡，花比其他器官对炭疽病菌更加敏感，花朵侵染后很快产生黑色病斑，逐渐延伸至花梗、花萼处，甚至会导致整个花序的死亡；果实接近成熟时受炭疽病侵染后在果实表面出现淡褐色、水渍状斑点，很快发展成为圆形病斑，变硬、变暗褐色至黑色或棕褐色。植株染病凋萎，开始1～2 片嫩叶失去活力下垂，傍晚恢复正常，进一步发展植株萎蔫，叶片枯黄，枯死。

（三）防治措施

（1）选用抗性品种，使用脱毒种苗育苗。

（2）育苗田避免连作，排灌方便、合理密植，通风透光。

（3）科学施肥，做好温湿度管理。施好优质基肥，避免偏施氮肥，提高植株抗性，减少病菌传播。

（4）化学防治。草莓炭疽病应以预防为主，要从种苗开始杜绝炭疽病病源进入田间。炭疽病可用嘧菌酯、戊唑醇、苯醚甲环唑进行防治。

四、草莓轮斑病

（一）危害特点

草莓轮斑病是草莓常见的真菌病害。草莓轮斑病病原菌（*Phomopsis obscurans*）为半知菌亚门球壳孢目的拟茎点霉属真菌。病原菌喜温暖潮湿环境，在我国各地均有发生，尤其是棚室栽培、重茬田、徒长或者郁闭的植株易发病。发病最适温度为25～30℃，菌丝生长的最适温度为25℃，孢子萌发的最适温度为28℃，分生孢子的致死温度为50℃。病菌以分生孢子器及菌丝体在土壤中的草莓病残体或病叶组织内越冬和越夏，秋、冬时节形成子囊孢子和分生孢子，随雨水、空气流动和农事操作传播侵染发病。春、秋季特别是春季多阴湿的天气，有利于本病的发生和传播，花期前后和花芽形成期是发病高峰。

（二）发病症状

草莓轮斑病主要危害叶片、匍匐茎、叶柄和果实，特别是处于生长期并长时间保持湿润的叶片最易受侵染。该病在老叶上初期为紫褐色小斑逐渐扩大成不规则形病斑。周围常呈暗绿色或黄绿色。嫩叶病斑常从叶顶开始，沿中央主脉向叶基作“V”形或“U”形迅速发展，一般1个叶片只有1个大斑，严重时从叶顶伸达叶柄，乃至全叶枯死，病菌还可以侵害花和果实，可使花柄变褐死亡。浆果引起干褐腐，病果坚硬，最后被菌丝缠绕。

（三）防治措施

草莓轮斑病主要以农业防治和化学防治为主。

（1）因地制宜选用抗病品种，培育无病种苗。

（2）清除病源。夏秋季气温偏高，雨量偏多，草莓生长快，新出叶片多，草莓轮斑病尤为严重，在新叶生长时期要及时发现和控制病情；冬季彻底清园并及时清理残余病株病叶并集中烧毁。

（3）加强栽培管理。根据不同生长时期草莓的需肥规律，配制适宜的氮磷钾等元素比例，避免偏施速效氮肥，不过量灌溉，促进植株的健康生长；加强植株的通风透光，培育壮苗，提高抗病性。栽植前用 70% 甲基硫菌灵 500 倍液浸苗 20 min，以杀灭病菌，减少发病。

（4）药剂防治。从发病初期开始，可用 40% 多硫悬浮剂 500 倍液，或 20% 农抗 120 水剂 200 倍液，或 27% 高脂膜乳剂 200 倍液加 70% 百菌清可湿性粉剂 600 倍液，或者 70% 甲基硫菌灵可湿性粉剂 800 倍液，每 7～10 d 喷 1 次，连喷 2～3 次；注意交替轮换用药，避免植株产生抗药性。

五、草莓根腐病

（一）危害特点

草莓根腐病属于土传病害，是由多种病原物和环境相互作用引起的一大类病害的总称，可分为以下 5 种类型：草莓红心（中柱）根腐病、草莓白根腐病、草莓黑根腐病和草莓鞋带冠根腐病。草莓根腐病的病原物多达 20 种，引起草莓红心（中柱）根腐病的主要有草莓疫霉菌、新月花顶孢霉菌和烟草疫霉菌；引起草莓白根腐病的主要有褐座坚壳菌、菜豆壳球孢菌；引起草莓黑根腐病的主要有立枯丝核菌、镰刀霉菌、腐霉菌和拟盘多毛孢菌；引起草莓鞋带冠根腐病的主要有蜜环菌等。草莓黑根腐在草莓根病中的危害最重，影响最大，其次是红心（中柱）根腐。病菌以卵孢子在土壤中和病株残体内越冬，也能以菌丝体附着在种子上越冬，成为翌年初侵染源，主要侵染草莓的根、茎，病菌侵染维管束，由根部向茎尖发展，病原菌在维管束内繁殖，阻塞营养物质的输送，病菌喜温暖潮湿的环境，适宜发病的温度范围为 5～30℃ ；最适环境地温为 10～22℃，相对湿度 90% 以上。春季，卵孢子在低温潮湿的土壤中萌发形成孢子囊，孢子囊中的游动孢子释放到水饱和的土壤中后，短距离游动就近侵染草莓根尖或伤口，引发根系红色中柱的症状；部分游动孢子到达土壤表面，通过病株、土壤或基质、雨水、灌溉或农事操作从寄主根部伤口侵入传播。

（二）发病症状

草莓发生根腐病先从侧根或新生根开始，初期根部出现浅红色或褐色不规则的斑块，颜色逐渐变深呈暗褐色，幼根尖端发暗变软，随病害发展，不定根大量死亡，全部根系迅速坏死变褐，随着根系吸收能力的下降造成整株青枯；地上部分矮小，长势弱，外叶叶缘发黄，变褐、坏死甚至卷缩，逐渐向心叶发展至全株枯黄死亡。具体来讲，草莓红中柱根腐病发病初期，草莓的不定根中间部位表皮坏死，形成黑褐色或红褐色梭形病斑，随着病情加重木质部出现坏死，中柱维管束呈褐红色或者暗红色；茎蔓变为茶褐色，匍匐茎减少；新生叶片有的具蓝绿色金属光泽，下部功能叶变成红色或者黄色，整个叶片在中午萎蔫，翌日早晨恢复，逐渐加重，反复 3～5 d 后病情加重全株枯萎死亡。草莓黑根腐病俗称“黄叶死棵病”，其感染草莓后，植株较正常植株明显黄化、矮小，发育不良，坐果率低，果实瘦小，畸形果增多，被害植株根系呈褐色，新根少，吸收能力降低。

（三）防治措施

草莓根腐病在中国各地均有发生，并呈逐年上升趋势，是影响草莓产量和品质的主要因素，不但给种植者带来巨大损失，而且阻碍了草莓产业的长远发展。草莓根腐病是系统侵染性病害，要以预防为主，采取综合措施进行防治。

（1）土壤消毒。草莓根腐病属土传病害，所以定植前用棉隆等药剂进行土壤消毒，夏季利用太阳能进行高温消毒杀死病菌。

（2）选择抗病性强的品种或者选择高架育苗方式。不同草莓品种间抗病性不同，太空草莓2008、全明星、鬼怒甘等品种抗病性较强，章姬、红颜等品种抗病性较弱；高架基质育苗方式的施肥用药及人工操作十分方便，更换基质，或者对基质进行蒸汽消毒可以避免连作障碍，有效避开根腐病的发生条件，为草莓根系提供优良的生长环境，更便于集约化管理。

（3）改善土壤环境的水、肥、气、热等环境条件。病菌孢子囊生长与游动孢子的活动需要充足的水分，并借水和空气进行传播，所以在田间积水、地势低洼、排水不良的地块，易引起卵孢子萌发侵染，连作地块更易发生，地下害虫造成的草莓根系伤口会加重病害。所以，生产中要选择地势高、排水好、透气好的疏松土壤，实施高垄栽培，预防根腐病的发生。当地温高于25℃时病菌活动停止，即使湿度再大也不发病，已发病的病情发展停滞。

（4）化学防治。定植前用棉隆等药剂进行土壤消毒，或于盛夏高温季节利用太阳能高温消毒，杀死病菌。根据病情发生趋势预测，在初发病时，及时开展药剂防治。可喷洒多抗霉素，嘧菌酯，每隔4～7 d喷施1次，连续防治2～3次。

六、蛇眼病

（一）危害特点

此病由真菌半知菌亚门柱隔孢属杜拉柱隔孢 *Ramularia tulasnei*（*R. fragariae*）侵染所致。有性世代为子囊菌亚门腔菌属草莓蛇眼小球壳菌 *Mycosphaerella fragariae*。病菌以病斑上的菌丝或分生孢子越冬，有的可产生菌核或子囊壳越冬。翌年春季产生分生孢子或子囊孢子借空气传播和初次侵染，后病部产生分生孢子进行再侵染。病苗和表土上的菌核是主要的传播体。温暖潮湿的环境可导致蛇眼病的发生和流行。病菌发育温度 7～25℃，最适生长温度为 18～22℃，低于 7℃或高于 23℃不利于发病，分生孢子器的形成和分生孢子萌发适温 23～25℃，最高 33～35℃，最低 2～4℃，适宜相对湿度 95%～100%。阴雨天气和光照不足时，发病严重。

（二）发病症状

草莓蛇眼病主要危害叶片，特别是外部叶和老叶，其他如叶柄、果梗、浆果也会受到侵害，在多年连作地块。草莓蛇眼病发生危害更严重。染病初期，叶片褪绿，出现深紫红色的小圆斑，以后病斑逐渐扩大为直径 2～5 mm 大小的圆形或长圆形斑点，病斑中心为灰色或者灰白色，周围紫褐色，呈蛇眼状。如果空气湿度过大，病斑表面会产生白色粉状霉层。危害严重时，数个病斑融合成大病斑而致叶片枯死，从而影响植株生长和芽的形成。果实染病后，单粒种子受害或者多粒种子连片受害，受害种子周围的果肉变成黑色，导致果实没有商品价值。

（三）防治措施

（1）选用抗病品种。充分利用草莓抗病品种资源，选育抗病的优良品种是防治草莓蛇眼病的重要途径。不同品种对草莓蛇眼病的抗病性有很大差异。选择抗病性较强的优良草莓品种，如‘丰香’‘章姬’等。

（2）精细管理，科学种田。适时放风，降低湿度。不要偏施氮肥，有机肥要充分发酵腐熟，田间排水通畅，种植密度适宜，做到不同生长时期水肥的标准化精细管理，增强草莓植株的抗病能力。及时摘除病叶、老叶、枯叶，改善通风透光条件；拉秧后及时彻底清洁田园，并在棚室外集中销毁残株病叶。对棚室全方位无死角消毒灭菌。特别要在夏季利用太阳能高温灭菌。

（3）药剂防治。发现病情后喷洒 50% 多菌灵磺酸盐可湿性粉剂 800 倍液、45% 噻菌灵悬浮剂 1 000 倍液，或 10% 苯醚甲环唑水分散粒剂 1 500 倍液等，7～10 d 喷 1 次，连喷 2～3 次。

七、草莓黄萎病

（一）危害特点

草莓黄萎病是一种顽固性的土传病害，病原为 *Verticillium dahliae*，称大丽花轮枝孢，属半知菌门真菌。草莓黄萎病病菌以菌丝体或厚垣孢子随病株残体在土壤中越冬，在土壤中存活长达 6～8 年之久。发病的最适条件为土壤温度 20℃以上，气温 23～28℃，而气温高于 28℃时发病明显减少、低于 20℃或高于 33℃不发病，夏季高温季节不发病，发病适宜湿度为 60%～85%，开花坐果期长时间低于 15℃低温易发病。病菌最初从根部伤口或直接从幼根表皮和根毛侵入，在维管束内繁殖，向根系和地上部扩散。可通过带菌苗、带菌土壤、未腐熟的堆肥及其他寄主在不同地区间传播，田间则主要通过灌溉、雨水、农具、农事操作等进行传播。连作、积水、地下害虫严重、偏施氮肥的地块较有利于发病。以开花坐果期发病最为严重。

（二）发病症状

黄萎病从根部侵染，地上部表现症状。草莓感染黄萎病初期，外部叶片萎蔫下垂，叶缘或叶尖逐渐褪绿变黄，新生复叶失绿变黄、两侧小叶不对称、叶片狭小呈船形，叶柄短粗，叶片皱缩畸形，根茎横切面维管束发生褐变甚至变黑，随着病情发展严重，出现根部腐烂，地上部分坏死。

（三）防治措施

（1）选用抗病品种。在草莓黄萎病危害严重的区域，应首先选用抗黄萎病较强的品种如章姬，不要使用带病的种苗，最好使用组织培养生产的脱菌种苗，并在无菌的环境中进行繁苗。生产中欧系品种对黄萎病表现较强的抗性。

（2）合理轮作。要改良土壤，实行适宜的轮作制度，避免发生严重黄萎病的区域可与葱蒜类轮作，或者与水稻进行水旱轮作，减少土壤中的病原菌。

（3）化学防治。育苗和定植时要对土壤进行消毒，定植时选用化学药剂嘧菌酯、噁霉灵蘸根。定植后也可用乙蒜素灌根进行预防。

八、草莓病毒病

（一）危害特点

病毒体积微小，结构简单，只有一个蛋白质外壳和被外壳包裹的核酸，核酸是病毒的遗传物质，也是病毒进行繁殖和侵染的物质基础，需要在电子显微镜下放大数万倍才能看到。病毒侵染后的传播和繁殖，需要从草莓活细胞中获取大量的核糖体、核酸及蛋白质构建新的病毒个体，消耗草莓供给本身正常代谢、生长发育的能量和营养，所以增加了草莓自身营养的无效消耗，抑制了草莓植株正常的新陈代谢和生长发育，使细胞本身因为缺乏营养，导致草莓植株生长发育不良；另外病毒自身代谢过程中产生的醛类、酮类等大分子物质，加速了植株活细胞的衰老和死亡，有些病毒代谢的氧化酶，会破坏叶绿体的形成，造成叶脉黄化，叶片褪绿。控制草莓病毒病，是草莓生产中的当务之急。病毒病的发生特点、发生原因与草莓本身的生育特点有关，严重程度一般与栽培年限成正比。草莓种苗的生产方式以无性繁殖为主，种苗在连续多年的无性繁殖过程中感染和积累了较多的病毒，携带病毒的草莓种苗连续多年进入繁苗环节后，将会加速病毒的传播，随着栽培年限的增加，下一代草莓苗会积累更多的病毒，叠加危害日益严重，严重影响草莓的经济效益。草莓病毒一般随草莓种苗越冬，可通过蚜虫或其他刺吸式口器的昆虫、土壤线虫、嫁接、菟丝子等进行传播，但不能通过种子和花粉进行传播。另外，草莓种苗是商品，不同区域之间的调运免不了长距离运输，这也造成了病毒病的区域性传播。

（二）发病症状

草莓是一种很容易感染病毒的植物，在草莓生产中，病毒病的发生很普遍，病毒常常潜伏在草莓植株体内，至今为止，根据报道可知侵染草莓的病毒有62种，在我国草莓生产区，已经调查鉴定的有草莓斑驳病毒（SMOV）、草莓轻型黄边病毒（SMYEV）、草莓皱缩病毒（SCrV）、草莓镶脉病毒（SVBV）4种。植株受病毒感染后不会立即表现症状，所以在生产上容易被忽视。草莓病毒没有寄生对象时，处于休眠状态。受病毒侵染的草莓植株生长势减弱，成熟期推迟，结果数量少而小、畸形、商品性差，叶片皱缩，植株矮化等，不但造成产量降低，而且外观品质和营养品质变差。

1. 草莓斑驳病

草莓斑驳病毒（Strawberry mottle virus，SMOV）于1938年被发现，1952年正式定名，是草莓斑驳病的侵染致病源。该病毒粒体直径约37 nm，无显著外壳，不耐高温，37～38℃恒温处理10～14 d，即可脱除病毒。草莓斑驳病毒分布广泛，单独侵染后引起草莓植株生长势减弱，产量和品质下降，与其他病毒复合侵染后，危害更重。草莓斑驳病毒主要通过蚜虫、菟丝子传播，花粉和种子不传播该病毒。

2. 草莓镶脉病

草莓镶脉病病毒（Stràwberry vein banding virus，SVBV）于1952年被发现，1955年正式定名，是草莓镶脉病侵染源。该病毒粒体球形，直径43 nm。该病毒在42℃条件下热处理10～14 d，可以脱除镶脉病毒，在 37℃条件下热处理 6 周，有助于提高茎尖脱毒效果。草莓植株受单一镶脉病毒侵染后，症状表现为生长势减弱，繁苗率降低，产量和品质下降；受到 2 种以上病毒复合侵染后，症状表现为叶片皱缩、扭曲，株高矮化；当镶脉病毒和皱缩病毒同时侵染时，卷叶症状加重。草莓镶脉病毒主要是通过蚜虫、菟丝子和嫁接进行传播。

3. 草莓皱缩病

草莓皱缩病毒（Strawberry crinkle virus，SCV）于 1932 年被发现，1952 年正式定名，呈世界性分布。由于我国引进的国外草莓品种中携带了草莓皱缩病毒，导致了此病毒在国内草莓生产区的传播。此病毒粒体弹状，长 190～380 nm，有鞘粒体直径为（69 ± 6）nm，无鞘粒体直径为（44 ± 1）nm。耐高温能力强，在 38℃下恒温热处理 50 d 以上，在 35～41℃下变温热处理数周，可以脱除病毒，所以从热处理后的母株上采取茎尖进行组织培养脱毒效果会更好。此病毒对草莓危害最大，单独侵染可致草莓的生长势明显减弱，减产达 35%～40%，繁苗率降低。在和斑驳病毒复合侵染时矮化症状加重；皱缩病毒与斑驳病毒、镶脉病毒或轻型黄边病毒多重复合侵染时，可引起绝产。具体的表现症状会因病毒株系不同和草莓品种不同而有所不同，有的品种受草莓皱缩病毒侵染后甚至无症状；有症状时可表现为叶片畸形、叶上产生褪绿斑或坏死斑；幼叶生长不对称、扭曲、皱缩、小叶黄化；叶柄缩短，植株矮化；花瓣上产生暗色条纹或黑色坏死条斑。叶柄和花瓣上的斑纹，往往是皱缩病毒鉴定的重要症状表现。草莓皱缩病毒主要通过蚜虫和嫁接进行传播，蚜虫可终生带毒，病毒可在蚜虫体内增殖。汁液、种子和花粉不能传播。

4. 草莓轻型黄边病

北美洲和欧洲曾最早报道草莓轻型黄边病毒（Strawberry mild yellow edge virus，SMYEV），1948 年正式定名。该病毒主要发生于北美、欧洲、以色列、南非、澳大利亚、新西兰和日本。该病毒粒体为球形，直径为 23 nm。目前，在我国草莓产区普遍发生。该病毒的不同株系之间，存在致病力差异，单独侵染时危害不重，常与斑驳、皱缩、镶脉等病毒复合侵染，造成草莓植株长势明显减弱，幼叶产生褪绿斑驳，叶片边缘失绿或者卷曲呈杯状，严重时叶片反卷；成熟叶片产生坏死条斑，叶脉下弯或扭曲。老叶提前变红或者死亡。矮化严重，繁苗率降低，结果变少，品质变差，减产高达 35% 以上，甚至绝收。该病毒主要通过蚜虫和嫁接过程传播，种子和花粉不传播该病毒。

（三）防治措施

目前，生产上还没有百分百防治草莓病毒病的有效药剂，只有采用不含病毒的材料进行组织培养，才能彻底脱去草莓植株体内的病毒，解决当前草莓生产中的病毒病危害。另外，草莓病毒主要靠蚜虫传播，草莓植株本身携带病毒也是造成传播的重要原因。控制病毒病需要从源头抓起，采取综合措施，切断传播途径，才能彻底杜绝病毒病的发生。

1. 培育脱毒种苗

草莓使用匍匐茎繁殖后代，病毒随草莓种苗栽培时间的延长而不断积累，通过脱毒技术培育大量的无毒苗用于田间生产是消除草莓病毒负面影响的有效途径。病毒分布广、繁殖快、防治难，可通过螨类、线虫等介体传染，病毒侵入草莓植株体内后完成自我复制，并转运其他组织，最后使整个草莓植株发病。病毒危害草莓组织和细胞、干扰新陈代谢，最终导致草莓品质差、产量低、甚至全株死亡。

2. 草莓脱毒的方式

（1）热处理脱毒法。草莓植株先栽种在用于热处理的特定容器内，使根系健壮，逐渐适应高温环境，然后放入恒温箱中，保持光照时间 16 h/d，光照强度 5 000 lx，白天温度 38 ℃，夜间温度 35 ℃。不同种类的病毒对高温的敏感度不同。如 38 ℃的恒温培养 12～15 d 即可脱去草莓斑驳病毒；草莓轻型黄斑病毒和草莓镶脉病毒需在 38 ℃恒温条件下处理 50 d，热处理之后再进行微茎尖培养则脱毒比较彻底。热处理脱毒要求的设备条件比较简单，操作也比较容易，但脱毒时间长，脱毒不完全，热处理后只有少部分植株能够存活。

（2）茎尖培养脱毒法。病毒在植物体内主要有两个转运途径：通过胞间连丝在相邻细胞间的短距离胞间运动和通过维管束组织的长距离转运，病毒在胞间联丝中移动速度非常慢，分生组织尚未形成维管系统，所以病毒在分生组织中只能依靠胞间联丝传递，分生区的细胞生长和分裂速度远远超过病毒的传播速度，因此茎尖分生区的生长点几乎没有病毒，因此可选用茎尖作为外植体进行组织培养脱毒。草莓匍匐茎茎尖分生组织具有发育成草莓叶片的叶原基和叶芽原基，通过组织培养能够较快形成完整的植株，不经过愈伤组织形成阶段，形成的植株遗传稳定，变异少。茎尖脱毒和再生的关键是切取茎尖的大小，茎尖越短脱毒的成功率越高，茎尖越大，再生能力越大，因此切取合适大小的茎尖分生组织是茎尖培养脱毒成功的关键。利用茎尖培养脱毒率高，脱毒速度快，能在短时间内得到较多的原种繁殖材料，是目前我国普遍使用的草莓脱毒的主要方式。茎尖生长点 0.1～0.2 mm 的部位不含病毒，是常用的外植体材料，可达 100% 脱毒率。切取茎尖生长点 0.5 mm 进行组织培养，脱毒率只有 20%。脱毒茎尖脱毒组培快繁过程包括以下几个阶段：切取茎尖—微茎尖培养—丛生芽—病毒检测—已脱毒芽苗—继代培养—壮苗生根—驯化移栽—移入大田。

（3）超低温脱毒。超低温脱毒技术是指将草莓离体材料在液氮中做冷冻处理，然后再解冻的技术，对茎尖长短无严格要求，脱毒效率更高。超低温脱毒所运用的离体材料一般是经过低温处理后遗传性状较稳定的分生组织、茎尖等，因为茎尖分生组织细胞体积较小、含有的液泡较小，脱水容易，在液氮环境中不易被冻死；而茎尖分化细胞体积较大，含有较大的液泡，脱水处理较难，在超低温环境下易被冻死。此外，茎尖分生组织病毒含量少，而分化组织往往是病毒富集区。因此，当液氮处理茎尖分生组织后，保留下来的不含病毒的分生组织可通过组织培养获得无毒苗。

（4）化学处理脱毒。抗病毒剂的作用机理主要包括抑制病毒侵染、抑制病毒增殖和诱导植物抗性等方面。抗病毒化学药剂能够不同程度地脱除草莓病毒，利用抗病毒化学药剂来抑制病毒核酸与蛋白质的合成或是改变寄主的代谢方式。该方法对取材要求不严格，对茎尖大小要求不高，较容易脱除多种病毒。目前，应用于草莓病毒脱除的化学试剂有病毒唑、宁南霉素、5-二氢尿嘧啶、大黄素甲醚、盐酸吗啉胍、氯溴异氰尿酸、香菇多糖、壳寡糖等，其中病毒唑的应用最为广泛，在三磷酸状态下会阻止病毒RNA帽子结构的形成。

（5）切断传播病毒的途径。蚜虫是传播病毒的主要媒介，所以要重点做好蚜虫的防治，切断病毒传播途径。第一，可采取农业措施，合理轮作倒茬，防止其他相邻植物的蚜虫向草莓田间的迁移；及时清除杂草，摘除老叶，减少蚜虫的来源。第二，利用天敌预防蚜虫，可以人工饲养或者释放瓢虫、蚜蝇、寄生蜂等，但是要注意减少化学农药的施用，以免对天敌造成伤害。第三，利用趋光性防治蚜虫，例如银灰色反光塑料薄膜驱避蚜虫、在田间悬挂黏性黄板诱杀有翅蚜等。第四，可以选用苦参碱、吡虫啉喷雾防治蚜虫，注意交替用药，并严格遵守农药使用安全间隔期。

第三节 草莓主要虫害防治技术

草莓生产中的虫害主要有蚜虫、蓟马、斜纹夜蛾、红蜘蛛、烟粉虱、地老虎和蝼蛄等。草莓是冬春季上市的时令鲜果，防治虫害要坚持绿色防控策略，综合采用农业、物理、生物、化学等综合防治措施，在保证草莓正常生长和保证草莓质量安全的前提下控制病虫危害在采果期防治虫害要严格按照农药种类、剂量和间隔期等有关规定执行。

一、蚜虫

（一）生活习性

蚜虫是草莓生产上的主要害虫之一，危害草莓的主要有桃蚜、棉蚜和马铃薯长管蚜等。蚜虫不需经过两性交配即可单性繁殖，而且一只雌蚜从生下来就可以开始繁殖，最多可连续繁殖 41 代，后代数以亿计。在 25℃左右温度条件下，每 7 d 左右完成 1 代，世代重叠。棉蚜 1 年繁殖 20～30 代，桃蚜 1 年繁殖 10 代，高温高湿条件下繁殖速度加快，随温度降低，有翅蚜随植株的老茎或枯叶下产卵越冬。所以，对蚜虫的防治一般要求在迁飞扩散之前。

（二）危害特征

蚜虫在草莓植株上全年均有发生，对大棚草莓的危害主要集中在 2—5 月和 9—12 月，在草莓叶背面、叶柄、心叶等地方生存，以草莓汁液为食。蚜虫危害草莓的幼嫩部位，生长点和心叶受害后，叶片蜷缩变形，影响草莓植株正常生长发育。蚜虫传播病毒，感染病毒的草莓植株退化，产量和品质受到严重影响。

（三）防治方法

1. 农业措施

远离十字花科作物，以防蚜虫就近迁入；随时清除温室周围杂草；及时掰掉温室内草莓老叶、病叶。

2. 物理防治

在通风位置设置防虫网；利用蚜虫的趋黄特性，在温室内设黄板诱杀，每栋温室用 10～20 块，挂置高度，略高于草莓植株 10～20 cm，诱杀有翅蚜虫，定期更换；蜜蜂授粉期间，慎用黄板，以免被黄板粘住后伤害蜜蜂；使用大蒜、辣椒、大葱、生姜的泡制水溶液可以驱赶蚜虫；使用银灰色塑料薄膜避蚜，预防蚜虫早期传播病毒病。

3. 生物防治

七星瓢虫、异色瓢虫、龟纹瓢虫、草蛉、食蚜蝇、食虫蝽、蚜茧蜂及蚜霉菌等都是草莓蚜虫的天敌。在蚜虫发生初期，田间释放瓢虫，每亩放 100 卡（每卡 20 粒卵），捕杀蚜虫。注意保护草蛉、食蚜蝇、蚜茧蜂等自然天敌。

4. 化学防治

化学防治是目前防治蚜虫最有效的措施，蚜虫体型较小，隐匿性强，繁殖快，蔓延迅速，种植户时常错过最佳的防治时期，所以要及时观察，提前预防。化学防治农药主要有 50% 抗蚜威 500～800 g/hm^2，此药选择性极强，对蚜虫有特效，且对天敌昆虫无害；50% 灭蚜松乳油 2 500 倍液、10% 蚜虱净可湿性粉剂 4 000～5 000 倍液、50% 抗蚜威可湿性粉剂 2 000～3 000 倍液、20% 速灭杀丁乳油 2 000 倍液、2.5% 溴氰菊酯乳油 2 000～3 000 倍液、2.5% 功夫（除虫菊酯）乳油 3 000～4 000 倍液等，效果均较好。

二、斜纹夜蛾

（一）生活习性

斜纹夜蛾是危害草莓的主要害虫，生命周期短、世代重叠、繁殖速度快、产卵量大、抗药性强、易暴发，寿命一般在 20 d 左右，草莓斜纹夜蛾在气温达到 20℃以上时开始孵化，并在 24～26℃

时大量繁殖，卵多产在草莓中下部叶片的反面，草莓斜纹夜蛾从孵化到成虫出现需要一个月至一个半月的时间，因此该害虫发生的周期较长。刚孵化出来的幼虫就在附近昼夜取食，等到3龄后分散开来，各自生活，危害草莓植株，4龄后随着虫体长大，食量也猛然增加，开始暴饮暴食，成虫主要在晚上飞行，喜欢依附于草莓的低处或果实下部活动，也会飞至高处寻找嫩芽或开花的植株进行产卵，对黑光灯、糖醋、酒液有趋性；怕阳光，天晴时躲在阴暗的草莓基部或者土缝里，所以一般白天不容易看见幼虫，到了晚上就会出来危害，在开花的植株上取食花蜜，然后产卵。

（二）危害特征

草莓斜纹夜蛾危害严重，阻碍草莓正常生长发育，给草莓果实的品质和产量造成重大损失，影响草莓生产。斜纹夜蛾危害草莓主要以幼虫咬食草莓叶片、花蕾、花及果实，初龄幼虫啮食叶片下表皮及叶肉，仅留上表皮呈透明斑像窗纱一样，幼虫可以侵入草莓果实内部取食果肉，造成果实畸形、变硬或直接腐烂。有假死性，对阳光敏感，在草莓繁苗期和移栽扣棚前危害较重，大发生时幼虫密度大，危害很大，取食草莓花果和嫩叶，严重时花果被害率可达50%以上。

（三）防治方法

防治斜纹夜蛾要及时进行田间观测调查并在初发期防治效果较好。

1. 农业措施

及时清除田间及四周杂草、病残体，减少病菌数量，打破产卵场所；在进行农事操作时，检查叶背，及时摘除卵块、人工捕杀低龄幼虫；定植前，翻耕土壤，消灭部分幼虫和蛹，减少害虫数量；草莓温室附近种植大豆、玉米、向日葵吸引害虫前去产卵，降低草莓植株上的产卵量，减轻危害；严格限制温室的无关人员进入，避免温室外的成虫趁机迁入棚内。

2. 物理防治

利用斜纹夜蛾成虫对灯光、糖醋的趋性，在成虫发生期，用灯光（杀虫灯、黑光灯等）和糖醋液（糖 : 醋 : 水 =3 : 1 : 6，质量比，加少量 90% 晶体敌百虫）诱杀；在草莓田或温室内放置性信息素方向引诱器，吸引成虫落入粘板上进行捕捉和监测，20～30 d 更换一次诱芯。

3. 生物防治

保护田间众多的自然天敌，或释放天敌，如幼虫期的蠋蝽（*Arma chinensis*），卵期的夜蛾黑卵蜂（*Telenomus remus*）等；用 200 亿 PIB/g 斜纹夜蛾核型多角体病毒水分散颗粒剂 12 000～15 000 倍液、或 2.5% 多杀菌素悬浮剂 1 000 倍液、或 1% 苦参碱可溶性液剂 800～1 200 倍液、0.5% 苦参碱 · 内酯水剂 600 倍液、32 000 IU/mg 苏芸金杆菌可湿性粉剂 500 倍液等进行喷雾防治；引进寄生性天敌，如菜粉蚧壳氏小蜂、斜纹夜蛾蛹寄生蜂等，通过生态平衡的方式减少草莓斜纹夜蛾的数量。

4. 化学防治

斜纹夜蛾初孵幼虫群栖，集中侵害草莓植株，抗药性弱，这是早期防治的有利条件，应掌握在成虫产卵及幼虫孵化盛期后 4～5 d，并注意将大部分幼虫消灭在 3 龄以前。3 龄以后的幼虫喜在晚间活动，施药时间选择在早晨及傍晚进行。针对成虫的化学防治措施可以使用 5% 高效氯氟氰菊酯 1 500 倍液等药剂；用 15% 茚虫威悬浮剂 3 500～5 000 倍液，或 12% 甲维 · 虫螨腈悬浮剂 4 000～5 000 倍液，或 20% 氯虫苯甲酰胺悬浮剂 3 000 倍液，或 5% 甲氨基阿维菌素水分散粒剂 1 000 倍液等进行防治，施药期间注意保护环境。

三、红蜘蛛

（一）生活习性

草莓红蜘蛛又称朱砂叶螨，属真螨目叶螨科，体型小于1 mm，发生初期不易被发现，一般在草莓的老叶上栖息。红蜘蛛繁殖能力很强，平均气温16℃时，雌性红蜘蛛开始产卵繁殖，每年可发生12～20代，有2次发生高峰，第1次高峰在4—5月，第2次在9—10月，7～10 d即可繁殖一代，能够世代交替产生危害，一张叶片会同时存在卵、幼螨、若螨、成螨四种形态。红蜘蛛的雌螨除了两性生殖以外，还可以进行孤性生殖——不需要雄螨就能产卵并孵化（孤性生殖只能孵化出雄螨，雌螨仍然需要两性生殖才能完成），繁殖能力特别强。4月初到5月上旬是成螨活动盛期，成螨刺吸叶片汁液。6月初是幼螨和若螨发生盛期，幼螨有群居性，迁徙能力较差；若螨已停止进食呈静止状态。7—8月雨季对红蜘蛛的危害有较大的抑制作用。在露地栽培环境下，以雌性成虫在土壤中越冬，第一、二年产卵，孵化后开始危害。在温室或大棚内，冬季也可以进行繁殖，或在老叶背面越冬。红蜘蛛能够靠人员活动或者是借助风力传播扩散，且速度快。红蜘蛛对周围环境的条件要求比较低，一般温度超过10℃就开始活动。红蜘蛛喜高温干旱，并有趋嫩性，一般危害生长点和上部新叶。

（二）危害特征

红蜘蛛危害草莓的主要方式就是吐丝结网、产卵繁殖和吸食草莓汁液。红蜘蛛喜爱高温干旱的环境，温度在30℃左右，相对湿度50%，适合红蜘蛛繁殖；温度高达35℃以上，相对湿度在80%以上时，不利于红蜘蛛的繁殖；主要危害草莓的叶、茎、花等，吸取植物的茎叶汁液，使受害部位水分减少，表现失绿变白。危害草莓叶片初期会使叶片背面呈现灰白色或者黄白色的小斑点，随着红蜘蛛数量的增多和受害程度的加强，草莓叶片会逐渐黄化失绿变成苍灰色，有时会见白色叶脉网，发病严重时会使草莓叶片干枯脱落；危害花器的时候，会使花萼失绿而变褐色，并逐渐干枯，发病严重时会看到花器上有白色的网层；草莓幼果受红蜘蛛危害后膨大受限而形成僵果、畸形果；成熟后的草莓果实受害后会伴有白色的网状物，影响甚至失去草莓的商品价值；草莓受红蜘蛛危害后，生长缓慢，矮化早衰，严重影响草莓鲜果的产量及品质，危害严重的可减产 30%～40%，甚至绝收。

（三）防治方法

1. 农业措施

选择脱毒种苗，科学施肥，培育壮苗，提高草莓植株的抗性；严格管理出入棚室人员，阻断人为传播；田间操作工具专棚专用，防止交叉传播；加强草莓的田间管理，及时摘除清理老叶残枝并集中深埋减少它们的繁殖密度；或烧毁，清除或减少虫源；由于高温、干旱的环境红蜘蛛易繁殖，所以在维持土壤湿润的前提条件下，气温过高时，尽可能通风，浇水降温，改善生长环境，抑制红蜘蛛快速生长繁殖。

2. 物理防治

保持土壤湿润，适当提高环境湿度，创造不利于红蜘蛛的生存环境；使用手套等防护措施，手工清除受感染植物上的红蜘蛛和蛛网；保持田间卫生，及时摘除枯枝老叶、剪掉受害草莓植物部位并及时带到棚外销毁。

3. 生物防治

采用“以螨治螨”的生物防治技术，有效控制红蜘蛛的危害，用捕食螨防治红蜘蛛。捕食螨是红蜘蛛的天敌。捕食螨的种类有很多，如加州新小绥螨、智利小植绥螨等，一般一片叶上面有一只捕食螨，就能有效地控制红蜘蛛。省力省工、绿色安全，但见效较慢，一般在草莓刚定植的时候，就要开始投放捕食螨，按照益害比1 :（10～30）释放捕食螨，一个月投放一次。

4. 化学防治

化学防治可用43% 联苯肼酯 2 500 倍液喷雾，或 20% 乙螨唑1 500 倍液喷雾，45% 联苯肼酯 · 乙螨唑 2 500 倍液喷雾，或 0.5% 藜芦碱可溶液剂 350～400 倍液喷雾；用药期间，要注意药剂烟粉虱直接刺吸草莓茎叶汁液，严重影响光合作用。各种农药交替轮换使用，防止叶螨产生抗药性和耐药性。

四、粉虱

（一）生活习性

草莓粉虱可分为白粉虱和烟粉虱，两者形态特征极其相似，统称其成虫为小白蛾；但烟粉虱的危害更重。烟粉虱体型偏瘦小，体长 0.85～0.91 mm，而白粉虱体长 0.99～1.06 mm；烟粉虱静止时翅合拢呈屋脊状，而白粉虱翅合拢较平坦。烟粉虱的生活周期有卵、若虫和成虫 3 个虫态，烟粉虱成虫可雌雄二性生殖，也可孤雌生殖。成虫喜欢无风温暖天气，不善飞行，有较强的趋黄、趋嫩习性，成虫总是随着植株生长不断追逐顶部的嫩叶产卵。成虫寿命、发育历期、产卵量等与温度有密切关系，14.5 ℃开始产卵，每头成虫雌虫可产卵 30～300 粒，多产在植株中部嫩叶上，气温 21～33 ℃，随气温升高，产卵量增加，当气温低于 12 ℃停止发育，超过 35 ℃时，成虫活动能力显著下降，高于 40 ℃成虫死亡，相对湿度低于 60% 成虫停止产卵或死去。在 25 ℃下，烟粉虱从卵发育到成虫需要 18～30 d，烟粉虱一般随草莓异地育苗和草莓苗远距离调运扩散危害，以各种虫态在保护地内越冬危害，春季扩散到露地，9 月以后迁回到保护地内。

（二）危害特征

草莓粉虱可隐匿在细小叶片不易被发现，自身抵抗性较强，防治困难。粉虱成虫和若虫常聚集在叶背面危害叶片，通过直接刺吸草莓植株等韧皮部的汁液导致叶片会慢慢变黄，光合作用能力减弱，抑制植株生长，从而导致植株衰竭、枯萎；刺吸汁液过程中向草莓植株体内注射毒素，传播病毒病，导致草莓种性退化，生长缓慢，果实畸形；若虫和成虫刺吸草莓茎叶后，分泌含有大量糖分的蜜露，蜜露引发真菌的大量繁殖，诱发煤烟病或煤污病，使叶片枯萎降低其光合能力、引起果实品质下降。

（三）防治方法

1. 农业措施

使用脱毒苗、无病虫壮苗；进行育苗环境消毒、定植棚室消毒，杜绝虫源；及时清除田园枯枝落叶，破坏烟粉虱的生存环境，减少虫源；在草莓棚室周围不要种植黄瓜、烟草、番茄等烟粉虱喜食的作物，减少虫源。

2. 物理防治

利用烟粉虱对黄色的趋向性，可在棚内悬挂黄板诱杀烟粉虱，在草莓植株 15～20 cm 高处，每亩挂置黄板 30～40 块，放蜂前撤走黄板以免伤害到蜜蜂；夏季进行高温闷棚，消灭虫源；温室大棚通风口安装防虫网阻断虫源进入途径。

3. 生物防治

温室草莓发现每株草莓上平均有 0.5～1 头粉虱时，每株释放 3～5 头白粉虱的天敌丽蚜小蜂，每隔 10 d 左右释放 1 次，连续放蜂 3～4 次可基本控制烟粉虱的危害，丽蚜小蜂主要产卵在粉虱的幼虫和蛹体内，使粉虱 8～9 d 后变黑死亡；释放微小花蝽、东亚小花蝽、中华草蛉等捕食性天敌对烟粉虱也有一定的控制作用；可以叶面喷施球孢白僵菌 400 亿个孢子 /g 可湿性粉剂 1 500～2 000 倍液防治粉虱。

4. 化学防治

虫害发生初期及时喷药，化学防治药剂可用 10% 吡虫啉可湿性粉剂 1 000～1 500 倍液、24% 螺虫乙酯悬浮剂 2 000 倍液 +25% 烯啶虫胺可湿性粉 1 000 倍液、25% 噻嗪酮乳油 1 000 倍液 +2% 甲氨基阿维菌素苯甲酸乳油 3 000 倍液叶面喷雾，各种农药需交替轮换使用，避免产生抗药性，用药时间以早晨温度较低时为宜，喷药时应着重喷施叶背面，喷匀喷透。

五、小地老虎

小地老虎属鳞翅目夜蛾科，又名地蚕、土蚕、切根虫，可取食草莓等植物，通过切断幼苗近地面的茎部，造成缺苗或毁种，是世界性大害虫，国外分布于世界各洲，国内各省均有分布。

（一）生活习性

小地老虎为迁飞性害虫，发生世代自南向北逐渐下降，气候湿润的长江流域发生严重，北方地区只在低温地、雨水多的年份发生重。在黄河以南至长江流域两岸每年发生 4 代，以幼虫、蛹或成虫越冬。成虫活动受气候条件影响很大，喜温喜湿，成虫具有很强的趋光性和趋化性，1～3 龄的地老虎幼虫对光源不敏感，不会进入到土壤中，白天和夜间都会在作物上啃食根茎叶幼嫩处，到 4～6 龄时地老虎幼虫才具有趋光性，开始昼伏夜出，白天潜伏于杂草间、土缝中，夜出活动。在 18～26℃、相对湿度 70% 左右、土壤含水量 20% 左右时，对其生长发育及活动有利。高温对其生长发育不利，30℃左右即出现蛹重减轻、成虫羽化不健全、产卵量下降和初孵幼虫死亡率增加的现象。雌成虫寿命 20～25 d，雄成虫寿命 10～15 d。成虫羽化 3 d 后交尾，交尾后第二天开始产卵，卵的发育起点温度约为 8℃。卵产在土块、杂草或幼苗叶背面，每一雌蛾一般能产卵 800～1 000 粒，产卵历时 2～10 d。3 龄后的幼虫有假死习性，受惊后缩成环形。成虫喜食糖蜜等带有酸甜味的汁液补充营养。成虫有很强的趋光性，对黑光灯或频振杀虫灯趋性强，但对普通灯趋光性不强。

（二）危害特征

种植结构、播期、耕作制度与地老虎的发生有关。前茬种植玉米或蔬菜、采用淹灌或喷灌、土壤湿度大等均有利于成虫产卵，虫害发生严重。刚孵化的幼虫常常群集在幼苗的心叶或叶背上取食，把叶片咬成小缺刻或选吃叶肉剩余叶脉呈网孔状；而中老龄（3 龄后）幼虫白天则喜欢躲在浅土穴中，晚上出来取食植物近土面的嫩茎，使植株枯死，造成缺苗、断垄，直接影响生产。

（三）防治方法

小地老虎的危害主要发生在草莓育苗期匍匐茎抽生初期。对于小地老虎的防治，应综合考虑多种因素，根据草莓受害的生育阶段、危害幼虫的龄期、害虫的发生规律、种群的分布状况及数量、防治投资的效益等，从而采取综合措施。

1. 农业措施

杂草是初龄小地老虎幼虫的食物来源和成虫产卵的主要寄主，又是作物之间迁移的桥梁，要彻底铲除并销毁田间地头的杂草，减少部分卵或幼虫；前茬枯枝败叶是地老虎成虫产卵的场所，要及时清除；秋季对土壤进行深耕暴晒，杀死藏在土壤中的地老虎幼虫和蛹；在地老虎产卵至孵化盛期，及时锄地中耕，可降低卵的孵化率；在地老虎盛发期或越冬期结合农事需要进行大水浇灌，可致使土中部分幼虫和蛹窒息死亡，降低土壤虫口密度；利用地老虎昼伏夜出的习性，清早认真巡视检查田地，人工捕杀大龄幼虫。

2. 物理防治

利用小地老虎成虫喜食糖蜜的生活习性，可自行配制糖醋液诱杀，在地老虎成虫发生期，按照糖：醋：酒：水 =1 : 4 : 1 : 16 的比例配制糖醋液，配好后置于小碗等适宜容器中，容器口离地面 1 m 为宜，天黑摆出，天亮收回，定时清除诱集的成虫，7d 更换一次糖醋液；可进行堆草诱杀，具体是把桐叶、烟叶、莴苣、灰菜、苜蓿、青蒿、荠菜等叶子用清水浸泡，在幼虫盛发期的傍晚小堆放置于田间（每亩大概放置 80 片叶子），夜间可以诱惑地老虎幼虫集中到叶堆内，第二天一早翻开叶子进行集中灭杀，也可以在地老虎产卵期，把麦秆或稻草扎成草把插在田间吸引雌虫到草把上产卵，3～5 d 后再把草把集中烧毁；利用地老虎成虫的趋光性，在地面以上 100～150 cm 处，安装频振式杀虫灯，隔 1～2 d 收集昆虫袋和清理杀虫电网。

3. 生物防治

用芫菁夜蛾线虫制成毒饵或浇灌对小地老虎幼虫有较好的防治效果；释放松毛虫赤眼蜂和广赤眼蜂可以有效控制小地老虎的危害，对小地老虎卵的寄生率可达到 75.91%～80.76%。

4. 化学防治

地老虎 1～3 龄幼虫期抗药性差，且暴露在寄主植物或地面上，是药剂防治适期，可用 1.5% 除虫菊素水乳剂 500 倍液、16 000 IU/mg 苏云金杆菌可湿性粉剂 400～600 倍液、0.5% 虫菊 · 苦参碱可溶液剂 500 倍液等喷雾，每亩地用水量 60 kg，注意药剂的轮换使用；在地老虎严重危害期，用 16% 阿维 · 毒死蜱微囊悬浮剂等对受害作物进行灌根；或 20% 氰戊菊酯乳油 3 000 倍液、20% 菊 · 马乳油 3 000 倍液、50% 辛硫磷乳油 1 000 倍液、5% 氯氰菊酯乳油 5.6～7.5 g/hm² 进行喷雾防治。要严格遵守农药禁（限）用的有关最新规定，而调整用药。

六、蝼蛄

（一）生活习性

危害草莓的蝼蛄主要有东方蝼蛄、华北蝼蛄，属直翅目蝼蛄科，又称土狗、地拉蛄。蝼蛄是一种重要的地下害虫。蝼蛄有群集性、趋光性、趋化性、趋粪性及昼伏夜出等特性。华北蝼蛄约3年一代，东方蝼蛄1年一代。初孵若虫怕光、怕风、怕水，孵化后3～6 d聚集在一起，之后分散危害；蝼蛄喜夜间活动，晚9点至10点为活动高峰期；蝼蛄活动的最适环境为土温12.5～19.8℃、土壤含水量20%以上。其全年的活动大致可分为4个时期。初春开始危害，每年3月中旬，土表温度达10℃以上时，越冬若虫、成虫上升到表层土中，偶尔钻出地面活动，4月上旬温度达15℃以上时，开始大量出土活动；春末夏初危害严重，4月上旬至6月中旬的气温一般在15～26℃，土表温度也相应较高，适宜非洲蝼蛄活动取食；6月下旬至8月下旬越夏期间，外界温度一般在25～30℃，非洲蝼蛄大多在洞穴中越夏和产卵繁殖，危害较轻，但此时卵室和洞穴距地面仅10～15 cm，当雨后或降温后，非洲蝼蛄可上升出地面危害；10月下旬至翌年3月气温降低，潜入地下40 cm以下土层进入冬季休眠期。

（二）危害特征

蝼蛄为多食性地下害虫，成虫、若虫均在土中活动，在表层土挖掘隧道，使草莓匍匐茎苗扎根困难；啃食草莓根系，造成草莓植株枯死；咬断草莓茎基和匍匐茎成乱麻状，造成草莓生长受阻；咬食贴在地面一侧的浆果果肉甚至吃掉果实的1/3，果实丧失商品价值。

（三）防治方法

1. 农业措施

蝼蛄终身在土壤中生活，可采取轮作，深耕犁耙，精耕细作，清除杂草等，杀死一部分虫体；根据地面隧道和小土堆标志，查找虫窝，人工挖掘灭虫；施用充分腐熟的有机肥，减少随有机肥进入草莓园中蝼蛄卵的数量。

2. 物理防治

利用东方蝼蛄趋光特性，羽化期间在夜晚 20：00—22：00 用杀虫灯或黑光灯诱杀成虫；春季根据蝼蛄在地表造成虚土堆的特点，挖找蝼蛄。人工捕杀成虫。夏季在蝼蛄盛发地查卵室，先铲去表土，发现洞口，下挖 10～18 cm 便可找到卵。

3. 生物防治

在苗圃周围栽植树木，设置鸟巢，吸引红脚隼、喜鹊、黄鹂和伯劳等蝼蛄天敌栖息繁殖，消灭害虫；选用对口生物农药，与细土、沙或谷糠、麦麸等混匀，也可与草木灰、有机肥、苗床整地起垄肥混匀撒施于草莓根部四周土壤，或穴施、沟施。

4. 化学防治

草莓定植前，每亩用 4% 联苯・吡虫啉颗粒剂 750～1 000 g，加适量细土拌匀撒施，然后定植。

第五章 草莓茎尖脱毒快繁技术

第一节 草莓脱毒快繁的意义和应用概况

一、草莓脱毒快繁的意义

草莓是一种经济效益较高的水果，具有市场广、见效快、周期短和管理方便等特点。草莓生产中主要以匍匐茎和分株的方式繁殖，这种方式效率低，不利于优良品种的推广。在长期的无性繁殖状态下，病毒感染成为草莓生产的瓶颈，草莓感染病毒后长势减弱、叶片变小、心叶黄化、果实变小、畸形果多，外观品质和营养品质下降，产量大幅度降低。目前草莓病毒病尚无十分有效的治疗手段，生产中常用并能彻底脱毒的就是切取微茎尖，应用组织培养技术脱除草莓植株体内的病毒（同时脱除了草莓体内的病菌），使品种得以提纯复壮，在短时间内获得大量整齐一致的优良种苗。脱毒草莓苗在生产上表现出生长势健壮、繁苗率高、花序抽生能力强、抗病性强、畸形果率少、亩产量高等特点，能够极大地提高草莓种植经济效益，克服了传统繁殖方式导致的病毒累积而产生的退化现象。草莓基质栽培技术中种苗质量的好坏直接影响草莓的产量和品质。

二、草莓组织培养的理论基础和应用概况

（一）理论基础

草莓组培快繁是以植物细胞全能性和植物生长调节剂调控原理为理论基础，二者协同作用，在无菌条件下，将离体的草莓茎尖、花粉、茎段、原生质体等外植体，培养在含有营养元素和人工合成的植物生长调节剂的无菌培养基上和人工控制的环境中，使其生长、分化、增殖，最终发育成完整新植株的技术。

（二）应用概况

目前草莓组培快繁已经在生产上得到了应用，产生了一定的经济效益和社会效益。植物组培快繁技术的大规模的应用始于 20 世纪 60 年代，法国的 Morl 用茎尖培养的方法成功繁殖了大量兰花，从此揭开了植物组培快繁技术应用研究的序幕，目前已经延伸到了农业、林业、工业、医药等行业。我国草莓组培快繁，虽有一定成效，但发展不大，效益不高，市场问题、成本问题、技术问题、管理问题大量存在，需要加大技术培训和宣传力度，扩大规模，降低成本，提高草莓脱毒快繁操作技术水平。草莓组培快繁能够保持亲本遗传性状，组织培养过程实现了无性化、微型化、高效化，繁殖速度快，繁殖周期缩短，是传统育苗方式的一场革命；草莓组培快繁过程在人工控制的环境中进行，不受季节变化和环境条件的限制和影响，周年均可进行，每平方米的培养面积每年约可生产数万至数百万株草莓种苗，集约化培养成本低，易于扩大规模和进行工厂化生产。

三、草莓脱毒快繁和组培快繁的共性与区别

草莓脱毒快繁和组培快繁的共同之处是二者均是利用组织培养技术进行草莓苗快速繁殖，从外观上难以区分。但它们有各自的特点。

（一）草莓脱毒快繁的特点

草莓脱毒快繁是以脱毒为目的，在无菌条件下切取 0.2 mm 大小的生长点，在适宜配方的诱导培养基上进行组织培养后生长出丛生芽，丛生芽再经继代和生根培养后获得瓶苗，瓶苗经过反复病毒鉴定，在确认彻底去除草莓主要危害病毒（斑驳病毒、皱叶病毒、镶脉病毒和轻型黄边病毒）的条件下继续加速繁殖，并经过原原种苗（瓶苗）、原种苗、良种苗三级育苗链条繁育出良种大苗，原种苗和良种苗分别进入育苗和鲜果生产领域，供生产上推广应用。目前，草莓脱毒快繁常用的是微茎尖培养脱毒法和花药培养脱毒法。花药培养是指应用植物组织培养技术，把草莓花粉发育到一定阶段的花药，接种到人工培养基上，以改变花药内花粉粒的发育途径，形成花粉胚或花粉愈伤组织，随后由胚状体直接发育为植株或使愈伤组织分化成植株。花药是花的雄性器官，花药中的花粉（亦称小孢子）是由花粉母细胞经过减数分裂形成的，其染色体数目与胚囊中的卵细胞一样为亲本植株体细胞染色体的一半，因此花粉是单倍体细胞。茎尖脱毒快繁是切取草莓植株或者匍匐茎顶端分生组织的茎尖，接种到人工培养基上，经过诱导分化形成丛生芽，生根后成为完整植株。人工花药培养操作难度较大，目前应用最多的是茎尖脱毒快繁。

（二）草莓组培快繁的特点

草莓组培快繁的目的是短期内繁殖大量种苗供出售，对脱毒效果没有要求。草莓组培快繁是利用组织培养技术快速繁育草莓苗，外植体的选择比较容易和广泛，可以切取 1 mm 以上的草莓顶芽、叶片、叶柄等外植体材料并接种在合适的培养基上，2 个月左右长出丛生芽，由于切取的材料比较大，技术操作难度小，培养成功率高。草莓组培快繁过程包括以下几个阶段：外植体的获取→无菌培养物的建立→多次继代扩大无性繁殖系→完整草莓植株的形成→组培苗驯化移栽→三级育苗→种苗销售和栽培生产。

第二节 草莓茎尖脱毒快繁技术

草莓组织培养技术的理论性和实践性均较强，从事组培工作的科研人员和操作技术人员要充分了解和掌握组织培养的原理和操作方法、查阅大量的文献，结合已经培养成功的研究结果，制定切实可行的实验方案。组培试验开始前要进行预备实验，以便熟悉操作流程，避免操作失误，减少培养材料的污染，特别在使用消毒试剂过程中操作人员要做好安全防护。草莓脱毒方法很多，可根据具体情况自行选择。其中茎尖脱毒快繁是目前世界上获得草莓脱毒苗最普通且有效的方法，草莓茎尖前端分生区的病毒传播速度很慢，利用病毒传播和分生区生长的速度差切取不含病毒的微茎尖进行组织培养，可以达到脱毒的目的，获得无病毒草莓苗。茎尖脱毒率的高低与茎尖的长度有关，茎尖越小，脱毒率越高，0.2 mm 茎尖脱毒率可达 100%。

草莓茎尖脱毒快繁主要有以下几个程序：查阅文献获取资料→拟定培养方案→化学消毒剂的选择配制→外植体材料的采取与消毒→初代培养基的配制和灭菌→外植体材料的接种→初代培养→继代培养基的配制和灭菌→继代培养→生根培养基的配制和灭菌→生根培养→移栽炼苗基质的配制和灭菌→室外炼苗移栽。具体操作方法是：取草莓生长健壮的母株或匍匐茎上的顶芽，用自来水冲洗 2～4 h，然后剥去外层叶片，在无菌条件下，用消毒溶液表面消毒 5 min，在超净工作台和解剖镜下剥取 0.2 mm 茎尖，接种到含有营养物质（含有营养元素和植物生长调节剂）的 MS 培养基中（常用琼脂作为培养基的支持物）。经过 2 个月左右的时间，生长分化出芽丛，把芽丛切成小块继代，待芽苗 2 cm 高时转到生根培养基中，生根培养基中的生根幼苗具有两片以上正常叶片时，出瓶炼苗，在室外生长为一个完整的植株。

一、培养基

培养基是决定草莓组织培养能否成功的决定性因素，由基础培养基、植物生长调节剂和其他添加物构成。不同草莓品种或同一草莓品种不同部位的外植体，有不同的基因型和外植体类型，其组培增殖能力、再生率和生长状态等都存在显著差异，适宜的培养基配方、植物生长调节剂的种类和浓度等也不尽相同。

（一）培养基的作用和分类

草莓离体培养材料缺乏自养机能，需要从培养基中以异养的方式获得营养。培养基中含有供给外植体培养材料生长发育所需的各种养分，是细胞生长和繁殖的生存环境。根据其营养水平不同，可分为基础培养基（如 MS）和完全培养基，完全培养基由基础培养基添加适宜的植物生长调节剂和有机附加物组成，添加植物生长调节剂的种类和数量，随着不同培养阶段和不同材料有变化，如果对培养基中的某些成分做了适当调整则称为改良培养基。常用的基础培养基除了 MS 培养基，还有 B5 培养基、N6 培养基。根据培养阶段不同，可分为初代培养基、继代培养基和生根培养基。不同的培养材料要选择适宜的基础培养基配方和植物生长调节剂的种类及比例。已灭菌处理的培养基保存时需要置于防潮、黑暗、阴凉的环境中。

（二）草莓茎尖脱毒的基础培养基配方

草莓组织培养的基础培养基一般使用 MS 培养基，MS 培养基是 Murashige 和 Skoog 于 1962 年为烟草细胞培养设计的，其特点是无机盐和离子浓度较高，是较稳定的离子平衡溶液，其养分的数量和比例能满足植物细胞的营养和生理需要，适用于草莓组织培养。一般情况下，MS 培养基不用再添加氨基酸、酪蛋白水解物、酵母提取物及椰子汁等有机附加成分。配制 MS 培养基，可以直接购买商品培养基，为了控制成本，也可以购买化学试剂自行配制培养基。配制 1L MS 培养基的化合物种类和用量见表 5-1。

表 5-1　配制 1L MS 培养基的化合物种类和用量

分类		化合物名称	分子量	重量（mg）
无机盐	大量元素	NH_4NO_3	80.04	1 650
		KNO_3	101.21	1 900
		$CaCl_2 \cdot 2H_2O$	147.02	440
		$MgSO_4 \cdot 7H_2O$	246.47	370
		KH_2PO_4	136.09	170
	微量元素	KI	166.01	0.83
		$MnSO_4 \cdot H_2O$	169.02	16.902
		$Na_2MoO_4 \cdot 2H_2O$	241.95	0.25
		H_3BO_3	61.83	6.2
		$ZnSO_4 \cdot 7H_2O$	287.54	8.6
		$CuSO_4 \cdot 5H_2O$	249.68	0.025
		$CoCl_2 \cdot 6H_2O$	237.93	0.025
铁盐		$Na_2 \cdot EDTA$	372.25	37.25
		$FeSO_4 \cdot 7H_2O$	278.03	27.85
有机营养成分		肌醇	180.16	100
		盐酸硫胺素	300.81	0.1
		烟酸	123.11	0.05
		甘氨酸	75.07	0.2
		盐酸吡哆醇	205.60	0.05

（三）培养基的成分及各成分承担的生理功能

制定一个合适的草莓茎尖脱毒培养基配方，需要查阅有关文献资料，借鉴文献资料研究内容并加以分析，在基础上，依据自己的培养目的进行多个配方实验，根据实验结果进行配方调整和制定。一个完善的培养基配方主要有水分、无机盐、有机营养、植物生长调节剂、琼脂、其他添加物质（如活性炭、抗生素、硝酸银等）等成分，各成分承担不同的生理功能。培养基的 pH 值在高压灭菌前一般调至 5.5～6.0，草莓脱毒培养基最适合的 pH 值为 5.8～6.0。当 pH 值高于 6.0 时，培养基会变硬；低于 5.0 时，琼脂凝固效果不好。高压灭菌后，培养基的 pH 值稍有下降。因此，分装灭菌前必须进行培养基 pH 值的调整，一般用 1 mol/L 的 HCl 或 NaOH 进行调整。

1. 水分

水是草莓原生质体的组成成分，也是草莓分解代谢、合成代谢过程的介质，是生命活动过程中不可缺少的物质。配制培养基母液用水要选用蒸馏水或去离子水，以确保培养基配方各成分含量的准确性、减少发霉变质、延长培养基母液的贮藏时间。大规模生产时，配制培养基可用自来水代替蒸馏水。

2. 无机盐

无机盐就是无机化合物，是草莓生长发育的必需成分。根据草莓对无机盐需要的多少，将其分为大量元素和微量元素。

（1）大量元素。植物生长发育所需浓度大于 0.5 mmol/L 的营养元素称为大量元素，包括 N、P、K、Ca、Mg、S，它们在草莓生命活动中有非常重要的作用。培养基中的无机态氮常以硝态氮（如 KNO_3）和铵态氮（如 NH_4NO_3）两种形式供应。氮被称为生命元素，占蛋白质含量的 16%～18%，在草莓生命活动中占首要地位；磷参与糖代谢、氮代谢、脂肪转变等生命活动；钾是草莓体内各种重要反应的酶的活化剂；硫是氨基酸、蛋白质的组成成分，是草莓生命活动必不可少的元素；钙是细胞壁的组成成分，果胶酸钙是草莓细胞胞间层的主要成分，缺钙时细胞分裂受到影响，细胞壁形成受阻；镁是叶绿素分子结构的一部分，缺镁时，影响叶绿素的形成和光合作用的进行，镁也是染色体的组成成分，在细胞分裂过程中起作用，影响细胞代谢中酶的活性。硫是一种非金属元素，以硫脂的方式组成叶绿体基粒片层，形成铁氧还蛋白的铁硫中心参与暗反应，与叶绿素结合、与叶绿体形成相关；硫是半胱氨酸和蛋氨酸的组分，因而是多种蛋白质和酶的组分。

（2）微量元素。植物生长发育所需浓度小于 0.5 mmol/L 的营养元素称为微量元素，植物所需的微量元素包括铁（Fe）、硼（B）、锰（Mn）、铜（Cu）、锌（Zn）、钼（Mo）、氯（Cl）等。它们的用量很少，但对植物细胞的生命活动有着十分重要的作用。铁是用量较多的一种微量元素，是许多重要氧化还原酶的组成成分，在叶绿素的合成和延长生长过程起着重要的作用，铁元素不易被吸收，常用硫酸亚铁和 EDTA 二钠配成螯合态铁，也可用 EDTA 铁盐，作为铁的供应源。

3. 有机营养成分

在配制培养基时，不仅要加入无机营养成分，还要加入一定量的有机营养物质，以利于培养物的生长和分化。

（1）糖类。草莓组织培养过程中，培养材料大多不能进行光合作用，因此必须在培养基中添加糖作为碳源和能源，同时对维持培养基一定的渗透压有着重要作用。草莓组织培养中常用的碳源是蔗糖，其浓度一般为 2%～3%。葡萄糖和果糖也是较好的碳源。在大规模工厂化生产中，为了降低生产成本，可用市售的白砂糖代替蔗糖，也有同样的效果。

（2）维生素。在组织培养过程中，培养材料不能合成足够的维生素维持正常的生命活动，需要添加的维生素有盐酸硫胺素（维生素 B_1）、盐酸吡哆醇（维生素 B_6）、烟酸（维生素 B_3）、维生素 C 等。一般使用浓度为 0.1～1.0 mg/L。维生素常以辅酶形式参与生物催化剂（酶系）的活动，以及参与细胞的蛋白质代谢、脂肪代谢、糖代谢等重要生命活动。如维生素 B_1 能促进愈伤组织的产生和活力，维生素 B_6 能促进根的生长，维生素 C 有防治组织褐变的作用。

（3）肌醇。肌醇（环己六醇）在组培中不直接促进培养物的生长，可有助于活性物质作用的发挥，促进糖类物质的相互转化、参与磷脂代谢和离子平衡作用，从而促进培养物愈伤组织的生长和胚状体及芽的形成。在配制培养基时，肌醇通常使用浓度为 50～100 mg/L，用量过多会加速外植体的褐化。

（4）氨基酸。氨基酸是较好的有机氮源。在培养基中加入的氨基酸最常使用的是甘氨酸、谷氨酸、半胱氨酸和多氨酸的混合物［水解乳蛋白（LH）或水解络蛋白（CH）］。作为良好的有机氮源，氨基酸可直接被细胞吸收利用，对培养物的生长有促进作用，通常培养基中的氨基酸用量为 2～3 mg/L。

（5）有机附加物。草莓组织培养中幼小的培养物光合作用能力较弱，为了维持培养物正常的生长、发育与分化，培养基中除了提供无机营养成分以外，还必须添加糖类、维生素、氨基酸等有机化合物。或者添加一些天然的有机物或提取物，促进培养物的增殖和分化。例如添加椰乳、番茄汁、马铃薯提取物、香蕉汁（泥）等，这些天然有机物能为培养物提供一些必要的营养成分、生理活性物质和生长激素等，且具有较大的 pH 缓冲作用。但是这些天然有机物成分较复杂，营养丰富，但培养脱毒苗时应尽量避免使用，以免引起污染的风险。

4. 植物生长调节剂

培养基中添加的植物生长调节剂对组培的结果起着决定性的作用，一般常用的植物生长调节剂有生长素、细胞分裂素和赤霉素。植物生长调节剂不能提供能量，在很低浓度下可以促进或抑制或改变植物的发育进程，研究表明，植物生长调节剂通过调节基因的表达来控制植物的生长方向，这也为草莓生物技术育种提供了广阔的前景。

（1）生长素。生长素的作用是诱导愈伤组织的形成、胚状体的产生以及试管苗的生根，与细胞分裂素协同作用可诱导腋芽及不定芽的产生。常用的生长素有 IAA（吲哚乙酸）、IBA（吲哚丁酸）、NAA（萘乙酸）、2,4-D（2,4- 二氯苯氧乙酸）。2,4-D 一般用于初代培养，启动细胞脱分化；再分化阶段用 NAA、IBA、IAA；在生根诱导中一般多用 IBA。

（2）细胞分裂素类。细胞分裂素常和生长素配合使用，细胞分裂素主要抑制顶端优势，诱导不定芽分化和茎、苗的增殖。培养基中的细胞分裂素与生长素之间的比例是决定器官分化的关键。细胞分裂素与生长素的比例大时，促进芽的形成，细胞分裂素与生长素的比例小时，则有利于根的形成。常用的细胞分裂素类有：激动素（KT）、6- 苄氨基嘌呤（6-BA）、玉米素（ZT）、2- 异戊烯腺嘌呤（2-ip）、吡效隆（CPPU）和噻重氮苯基脲（TDZ）。

（3）赤霉素。天然的赤霉素有 100 多种，在培养基中添加的主要是 GA_3。赤霉素能刺激培养形成的不定芽发育成小植株，促进幼苗茎的伸长生长。赤霉素和生长素协同作用，对形成层的分化有影响，当生长素 / 赤霉素比值高时，有利于木质化，比值低时有利于韧皮化。赤霉素不耐热，需要在低温条件下保存，培养基中添加使用时采用过滤灭菌法加入。如果采用高压湿热灭菌，将会有 70%～100% 的赤霉素失效。赤霉素虽易溶于水，但溶于水后不稳定，容易分解。因此，最好用 95% 酒精配制成母液在冰箱中保存。

5. 琼脂

培养基除添加营养成分外，还需要加入凝固剂，琼脂是常用的凝固剂，它是一种从海藻中提取的高分子碳水化合物，本身不给培养材料提供营养。琼脂溶解在热水中成为溶胶，冷却至 40℃凝固成为凝胶，能使培养基在常温下凝固，为培养材料提供一个固定的生长环境。培养基中一般使用浓度是 3～10 g/L，若浓度过高，培养基就会变硬，使培养材料不容易吸收培养基中的营养物质；浓度过低，则培养基硬度不够，培养材料在培养基中不易固定，易发生玻璃化现象。如果培养基中未加入凝固剂，称为液体培养基，常规组织培养应用固体培养基较多。

在固体培养基环境中，培养物固定在一个位置，与培养基接触面积小，各种养分在培养基中扩散慢从而影响到养分的吸收利用，同时培养物的生长过程合成的有害物质积累，会造成自我毒害，必须及时转接。

6. 其他添加物质

（1）活性炭。活性炭是一种经特殊处理的炭，是将有机原料（果壳、煤、木材等）在隔绝空气的条件下加热，以减少非碳成分（此过程称为炭化），然后与气体反应，表面被侵蚀，产生微孔发达的结构（此过程称为活化）。由于活化的过程是一个微观过程，即大量的分子碳化物表面侵蚀是点状侵蚀，所以造成了活性炭表面具有无数细小孔隙。活性炭表面的微孔直径大多在 2～50 nm，即使是少量的活性炭，也有巨大的表面积，每克活性炭的表面积 500～1 500 m^2，所以活性炭微孔结构发达，比表面积和吸附活性大，草莓组织培养中加入活性炭的目的主要是利用其吸附能力，吸附培养基中培养材料分泌的有害物质，减轻褐变，同时也创造暗环境，诱导草莓苗生根。但是，活性炭对物质的吸附没有选择性，既吸附有毒酚类，又吸附培养基中的生长调节物质、维生素 B_6、叶酸、烟酸等，因此，在决定使用活性炭时应先试验再确定是否采用，使用浓度通常为 0.1%～0.5%。

（2）抗生素。抗生素是指由微生物（包括细菌、真菌）或高等动植物在生活过程中所产生的具有抗病原体或其他活性的一类次级代谢产物，通过抑制细菌细胞壁的合成、与细胞膜相互作用、干扰蛋白质的合成等干扰生活细胞的发育功能。培养基中添加抗生素可防止菌类污染，减少培养材料损失。常用的抗生素有青霉素、链霉素、卡那霉素和庆大霉素等，用量一般为 5～20 mg/L。不同抗生素能有效抑制的菌种具有差异性；在某些情况下，需要多种抗生素配合使用才能取得较好的效果；在停用抗生素后，原来受抑制的菌类又滋生起来，污染率会显著上升；当所用抗生素的浓度高到足以消除内生菌时，部分植物的生长发育往往也同时受到抑制。

（3）硝酸银。一些草莓品种组织培养中会加入硝酸银，硝酸银的作用是通过竞争性结合细胞膜上的乙烯受体蛋白，抑制乙烯活性，促进愈伤组织器官发生或体细胞胚胎发生的作用，对克服瓶苗玻璃化效果明显。低浓度的硝酸银能引起细胞坏死，所以不宜把培养物长期保存在含有硝酸银的培养基上。硝酸银的使用浓度一般为 1～10 mg/L。

二、草莓茎尖脱毒的程序

草莓茎尖脱毒结合热处理脱毒效果会更好。热处理脱毒法最早是由日本人石上用热治疗法培育成功草莓无病毒母株，从恒温和变温的热空气处理方法在草莓脱毒上得到迅速发展，取得了很好的脱毒效果。热处理脱毒是去除病毒而不是杀死病毒，脱毒原理主要是利用病毒在高于常温的温度下被钝化失活，丧失了增殖和感染能力，打乱了病毒颗粒增殖与感染的平衡，从而使草莓植株体内病毒含量持续降低，最后自行消灭从而达到脱毒的目的。但是，由于草莓病毒种类不同，有的病毒用热治疗法容易脱毒，有的则难以脱除。

（一）热处理

选择根系健壮的盆栽草莓，置于热处理室中，白天温度 40℃，保持光照时间 16 h，光照强度 5 000 lx，热处理室空气湿度 50%～70%，夜间温度 35℃，处理 8 h，28～45 d 可达到脱毒的目的。不同种类的病毒对高温的敏感度不同，处理的温度和时间要根据病毒的种类而定。

（二）外植体取材与处理

取生长健壮的草莓植株或者匍匐茎顶芽，在流水下冲洗 2～4 h，剥去外层叶片，置于超净工作台的无菌环境下，用 0.5% 次氯酸钠溶液表面消毒 5 min，然后在解剖镜下剥取茎尖分生组织，切取 0.2 mm 茎尖。茎尖大小直接影响茎尖脱毒的效果。茎尖超过 0.5 mm，成活率较高，但是脱毒率低；0.2 mm 的茎尖无病毒率达 100%，但接种后的成活率下降，培养时间延长。

（三）初代培养

切取茎尖后，立即接种到培养基 MS + 6-BA 0.25 mg/L + NAA 0.25 mg/L 中。培养条件为温度 25～28℃，光照强度 1 500～2 000 lx，每天 16 h 光照，经 2 个月左右分化出芽丛，每簇芽丛含 20～30 个小芽。培养期间，注意保持好适宜的温度和充足的光照培养条件，以免温度过低茎尖进入休眠状态，影响培养的效果。

（四）继代培养

在超净工作台的无菌环境下，把初代培养得到的丛生芽分割成小块芽丛（每块芽丛含 2～3 芽），把芽丛转入 MS + 6-BA 0.3～0.5 mg/L + IBA 0.1 mg/L + GA 0.1 mg/L 培养基中，反复多次扩大培养，最大限度地生产有效芽丛，培养时的温度、光照等条件与初代培养条件相同。

（五）生根培养

将继代增殖培养高度达到 2 cm 左右的芽苗转到 1/2 MS + NAA 1 mg/L 或 IBA 1 mg/L 中，诱导根的分化和根系的形成，最终形成具有根、芽的完整草莓植株。

（六）脱毒苗驯化移栽

生长在培养瓶内的草莓苗在移栽之前要进行炼苗驯化，出瓶移栽2～3周内，生长环境相对湿度需要保持在80%～90%，覆盖遮阳网遮阴。炼苗期间首先要逐渐进行自然光训练，恢复叶绿体的光合作用功能；其次要进行温度锻炼以适应外界环境的温度，直到完全能够在自然环境的气候条件下正常生长。

（七）再生草莓植株的鉴定

脱毒苗是否完全脱毒和存在变异，需要进一步通过农艺性状观察、染色体镜检、随机扩增多态性分析等方法鉴定其遗传稳定性、快繁植株是否携带有病菌和病毒等。通过以上鉴定剔除劣株，保证大规模脱毒快繁草莓种苗的纯度和质量。至此，草莓苗的脱毒培养程序全部完成，之后进入田间生产和育苗领域。病毒主要靠蚜虫传播，所以田间要做好蚜虫防治工作，以免脱毒苗再次受到病毒污染。